每顆星星都有故事

看漫畫星座神話
學天文觀星祕技

監修╱**藤井旭**

翻譯╱**林劭貞**

審訂╱**洪景川** 前臺北市立天文科學
教育館研究助理

前 言

　　日暮時分，隨著天色逐漸暗沉，星星的光芒也一一嶄露於天際。第一顆星、第二顆星、第三顆星……最後布滿整個夜空。閃著點點星光的天空，彷彿一只散發寶石璀璨光芒的魔法盒。

　　古時候的人們望著夜空中閃閃發亮的星星，把它們當成拼圖連結起來，模擬成各種動物或英雄的姿態，並將圖案描繪出來，譜成浪漫的故事。

　　抬頭仰望這些被賦予神話色彩的星座，心情也變得閃閃發亮，若是能夠更深入了解每顆星星的名稱和相關知識，一定會更有樂趣！

　　仰望星空，除了獨自遙想，也可以與家人同享，或是呼朋引伴共同觀賞，大家一起談論星座、分享神話，甚至探索宇宙的奧祕，很容易天南地北聊個沒完。

　　今晚，又是星光閃爍的夜空，請翻開這本書，高舉對著夜空，尋找想發現的星座，聆聽星座神話故事，敞開心胸與滿天的星星對話，找到屬於自己的光芒！

藤井旭

本書使用方法

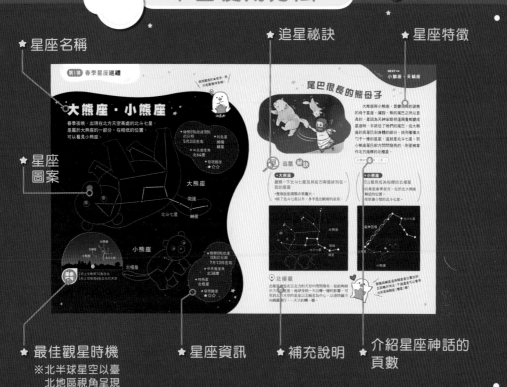

★ 星座名稱

★ 追星祕訣

★ 星座特徵

★ 星座圖案

★ 最佳觀星時機
※北半球星空以臺
北地區視角呈現

★ 星座資訊

★ 補充說明

★ 介紹星座神話的頁數

天文觀測的基本概念

星星的亮度

以數值代表等級，用一等星、二等星……作為等級分類。數值愈大的等級，亮度愈暗。

星星一天的運行

北方天空的星星，是以北極星為中心逆時鐘繞行，一天繞行一圈。南方天空的星星，則是由東向西，以順時鐘方向繞行。

夜空的測量

進行天文觀測時，若能事先了解星星在夜空中的約略高度、星星之間的相對距離，會比較容易入手。星星之間的距離是以角度辨識，測量角度時，可以運用自己的手掌、手指、手臂等，但還是要先弄清楚測量的方法！

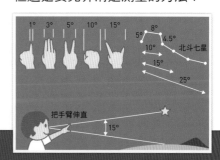

目次

春季星空

在北方天空的高處,可見到包含北斗七星的大熊座。春季的夜空,較少明亮的星星。

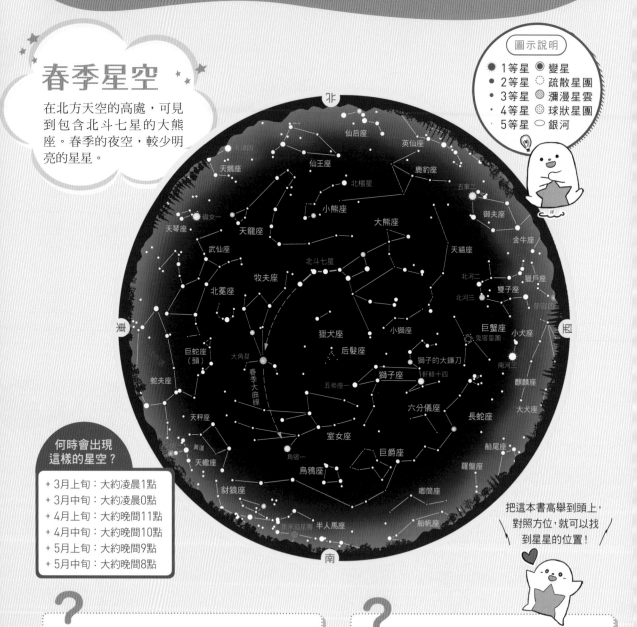

圖示說明

- ● 1等星
- ● 2等星
- ∙ 3等星
- ∙ 4等星
- ∙ 5等星
- ◉ 變星
- ○ 疏散星團
- ◍ 瀰漫星雲
- ◉ 球狀星團
- ◯ 銀河

何時會出現這樣的星空?

- ✦ 3月上旬:大約凌晨1點
- ✦ 3月中旬:大約凌晨0點
- ✦ 4月上旬:大約晚間11點
- ✦ 4月中旬:大約晚間10點
- ✦ 5月上旬:大約晚間9點
- ✦ 5月中旬:大約晚間8點

把這本書高舉到頭上,對照方位,就可以找到星星的位置!

? 星座是在什麼情況下創造出來的?

大約5000年前,美索不達米亞平原(現今伊拉克)有一群以飼養綿羊維生的人,開始注意到星星的排列,並聯想為動物的姿態。他們運用星星來進行占卜,並從星星的變化察覺出與季節的關聯。後來這樣的星座文明流傳到希臘,還發展出神話故事。

? 星座與季節的變動有什麼規則?

地球一年繞著太陽運行一周,因此地球上見到的星座會隨著季節有所不同,而且一年之後才會再度見到原來的星座。每個季節中最後一個月分,晚上大約8點運行到天空最高點,並固定出現在夜空裡的星座,就被稱為這個季節的星座。

春季星座的追星祕訣

步驟 1

以北斗七星為指標，就能看見北方天空的北極星！

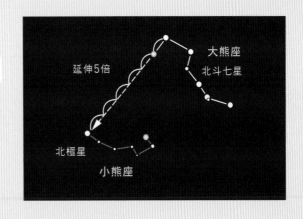

抬頭仰望北方的天空吧！你可以看見排列成勺子形狀的星星。從大熊座的身體到尾巴的部分，就是北斗七星。將勺口兩顆星之間的距離順勢延伸5倍後，就可以看到二等星的北極星。北極星是正北方的指標。

步驟 2

試著從北斗七星的勺柄前端順勢畫出一道弧。

步驟 3

以春季大曲線為指標，找到春季大三角。

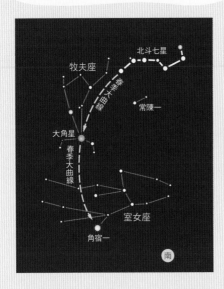

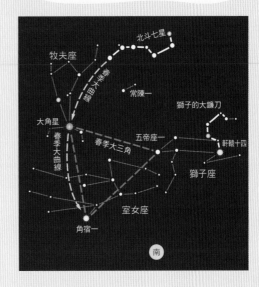

試著從北斗七星勺柄前端，順著弧線往南方天空前進，你會碰到牧夫座的橘色大角星和室女座的白色角宿一。這條美麗的大弧線，就是「春季大曲線」。

春季大曲線上有明亮的的一等星大角星和角宿一，從角宿一往右上方看，還有一顆暗淡一點的二等星，是位於獅子座尾巴處的五帝座一。大角星、角宿一、五帝座一所形成的三角形，就是「春季大三角。」

發現難度的★愈多，表
示愈難看得見喔！

大熊座・小熊座

春季夜晚，出現在北方天空高處的北斗七星，
是屬於大熊座的一部分。在略低的位置，
可以看見小熊座。

✦ 晚間8點抵達頂點
的日期
5月3日左右

✦ 特色星
開陽
輔星

✦ 中天高度角
北64度

✦ 發現難度
★☆☆

大熊座

開陽

北斗七星

輔星

小熊座

大熊座

北極星

小熊座

北斗七星

北

**探索
時機** 2月上旬晚間10點左右、
3月上旬晚間8點左右的天空。

北極星

✦ 晚間8點抵達
頂點的日期
7月13日左右

✦ 中天高度角
北38度

✦ 特色星
北極星

✦ 發現難度
★☆☆

8

尾巴很長的熊母子

大熊座與小熊座，是變成熊的姿態的母子星座。據說，熊的尾巴之所以是長的，是因為天神宙斯把這兩隻熊變成星座時，手抓住了牠們的尾巴。從大熊座的長尾巴到身體的部分，排列著像大勺子一樣的星星，這就是北斗七星。而小熊座尾巴前方閃閃發亮的，則是被當作北方指標的北極星。

相關神話請見10頁 ▶

見 追星 祕訣

✦大熊座

觀察一下北斗七星及其前方兩個排列在一起的星星

- 整個星座規模非常龐大。
- 除了北斗七星以外，多半是比較暗的星星。

✦小熊座

可以看見成為指標的北極星

- 如果是春季夜空，位於比大熊座略低的位置。
- 形狀像小型的北斗七星。

大熊座

北斗七星

開陽

輔星

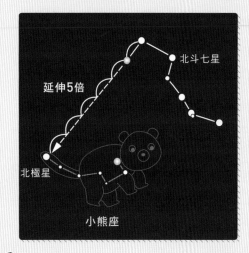

北斗七星

延伸5倍

北極星

小熊座

⭐ 北極星

北極星總是在正北方的天空中閃閃發亮，是能夠指示方向的星星。地球受到一天自轉一圈的影響，可見到北方天空的星星以北極星為中心，以逆時鐘方向繞圈運行，一天大約轉一圈。

開陽與輔星這兩顆星星位置並排，且距離非常近，不過還是可以看得出來是兩顆星（雙星）喔！

變成熊的母子

登場人物

★ 卡利斯托
被稱為「寧芙」的美麗精靈。

★ 阿蒂蜜絲
月亮與狩獵女神。具有高雅、勇壯與純真的特質。

★ 宙斯
希臘神話中的眾神之王。喜歡美男美女。

★ 阿卡斯
宙斯與卡利斯托斯之子。長大後成為獵人。

宙斯是希臘神話中地位最高的神，據說同時統治著神與人類。宙斯的雷電具有驚人的威力，可用來懲罰做壞事的人，是常常出現在星座神話中的重要角色。

10

卡利斯托追隨著月亮暨狩獵女神阿蒂蜜絲，在山林河谷間奔走狩獵。這些追隨阿蒂蜜絲的女性必須遵守阿蒂蜜絲的規定，不能戀愛也不能結婚。

小獅座
天貓座

春季夜空的正上方,位於大熊座的足部位置就是小獅座,小獅座稍微往北看就是天貓座。

◆晚間8點抵達
頂點的日期
3月16日左右

◆中天高度角
北69度

◆發現難度
★★★

北斗七星

◆晚間8點抵達
頂點的日期
4月22日左右

◆中天高度角
82度

◆發現難度
★★★

天貓座

北河二

雙子座

北河三

小獅座

獅子的大鐮刀

獅子座

軒轅十四

小獅座

天貓座

西北

探索
時機

3月上旬晚間11點左右、
4月上旬晚間9點左右的天空。

一隻小獅子和很難見到 真面目的山貓

位於獅子座與大熊座之間的小獅座，是一塊沒有顯著星星的區域；天貓座則是由一群昏暗不明的星星所組成。小獅座與天貓座這兩個星座都看不見明亮的星星，所以要從附近的獅子座以及四周的明亮星星找起。為天貓座命名的17世紀波蘭天文學家約翰‧赫維留斯（Johannes Hevelius）曾說：「要認出天貓座，必須有像山貓一樣的銳利眼睛。」據說天貓座的真面目可是很難清楚看見的！

見 追星 祕訣

✦ 小獅座

先找到獅子座與大熊座之間，有一塊沒有顯著星星的區域。

- 位於春季夜空的高處。
- 這個區域的星星多半晦暗不明，不容易看見。

✦ 天貓座

觀察被五顆明亮星星包圍、群星暗淡的區域。

- 附近的明亮星星包括：御夫座的五車二、雙子座的北河二、北河三和獅子座的軒轅十四、大熊座的天樞星。
- 非常不容易看見。

小獅座看起來就像坐在獅子座頭上呢！

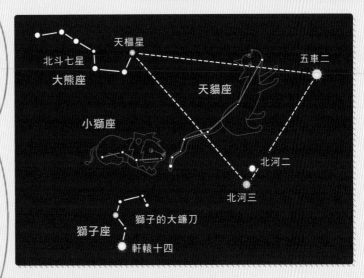

北斗七星
大熊座
天樞星
五車二
天貓座
小獅座
北河二
北河三
獅子座
獅子的大鐮刀
軒轅十四

⭐ 小獅座不存在的 α 星

在同一個星座中，可依照星星的亮度，以希臘字母 α、β、γ……等來為星星命名。但是小獅座並沒有 α 星，據說是因為17世紀天文學者貝利（Francis Baily）當初在為小獅座裡最明亮的星星命名時，忘了用 α 星來標記。

巨蟹座

12星座

北河二

雙子座

北河三

初春的南方夜空上,從天貓座往南找找,就可以發現巨蟹座。巨蟹座的甲殼部分,可以隱約看見鬼宿星團。

鬼宿星團

獅子座

獅子的大鐮刀

巨蟹座

軒轅十四

鬼宿星團

巨蟹座

南

探索時機 3月上旬晚間9點左右、4月上旬晚間7點左右的天空。

✦晚間8點抵達頂點的日期
3月26日左右

✦中天高度角
85度

✦特色星
鬼宿星團

✦發現難度
★★☆

甲殼懷抱星團的巨大螃蟹

巨蟹座的甲殼部位，是小型星星匯集而成的鬼宿星團，這使得巨蟹座成為一個別具特色的星座，即使用肉眼也隱約看得見。

當大力士海克力士擊退九頭蛇時，女神希拉派遣巨蟹去阻擋海克力士，最後這隻巨蟹怪物被海克力士踩扁了。

見 追星 祕訣

✦巨蟹座

獅子座的軒轅十四與雙子座的北河三之間，可以看到微微發亮的鬼宿星團。

- 鬼宿星團位在巨蟹的甲殼部位。
- 移動路徑橫越春季的頭頂夜空。

南河三

鬼宿星團的光，肉眼也看得到喔！

📍 鬼宿星團

鬼宿星團是由一群稱作「疏散星團」的藍白色小星星所匯聚而成。在中國古代，人們認為鬼宿星團有點不祥，因為看起來就像慘白的鬼魂。

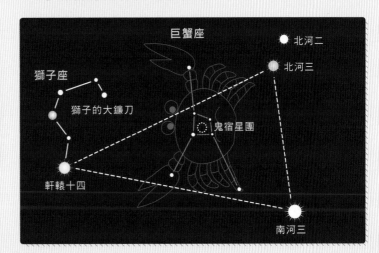

巨蟹座

獅子座

獅子的大鐮刀

鬼宿星團

北河二

北河三

軒轅十四

南河三

獅子座

12星座 ♌

獅子座

春季的夜晚，小獅座、巨蟹座的旁邊，可以看到萬獸之王獅子的姿態。獅子的臉部上方是小獅座，臉部前方則是巨蟹座。

獅子的大鐮刀

五帝座一

軒轅十四

✦ 晚間8點抵達頂點的日期
4月25日左右

✦ 中天高度角
79度

✦ 發現難度
★☆☆

✦ 特色星
軒轅十四
五帝座一

軒轅十四
獅子座

南

探索時機 3月上旬晚間11點左右、4月上旬晚間9點左右的天空。

從東方天空躍升的獅子

獅子座呈現被大力士海克力士擊退時準備撲咬人的姿態，若是從初春的東方夜空來看，獅子座彷彿勇猛的往上躍騰。若是從夏季的西方夜空來看，獅子彷彿像被海克力士打敗之後，遁入地平線之下。

獅子的頭部有幾顆星星排列出左右顛倒的問號，被稱為「獅子的大鐮刀」，是找到獅子座的指標。往下一點，獅子心臟的位置，則是一等星軒轅十四的所在。

相關神話請見18頁 ▶

見 追星 祕訣

✦ 獅子座

觀察組成「獅子的大鐮刀」的星星們，就像左右顛倒的問號形狀。

- 一等星軒轅十四位於顛倒問號的下半部。
- 初春夜晚從東方天空升起，夏季夜晚往西方天空降下。

獅子的大鐮刀
軒轅十四
獅子座
五帝座一
東

大規模的獅子座流星雨大約每33年出現一次。

📍 獅子座流星雨

所謂的流星雨，指的是每年固定同一時間，流星從同一個星座方向，往四面八方流動的現象。獅子座的流星雨，在每年11月18～19日到達最高峰。這段時間內，可以見到從獅子座的方向同時飛出好幾個，甚至好幾十個以上的流星。

尼米亞森林裡的**食人猛獅**

海克力士奉歐律斯透斯國王的命令，前往進行 12 項冒險任務。海克力士的第 1 個冒險任務，就是打敗尼米亞森林的食人獅。

長蛇座

春季的南方天空中，往獅子座略低的方向看，就可以找到長蛇座。長蛇座是一個橫向分布、幅員廣闊的星座。

♦ 晚間8點抵達頂點的日期 4月25日左右

♦ 中天高度角 51度

♦ 特色星 星宿一

♦ 發現難度 ★★☆

長蛇座

南

探索時機 4月上旬晚間10點左右、5月上旬晚間8點左右的天空。

M83

長長尾巴橫跨天際的巨大毒蛇

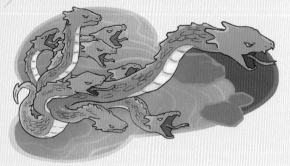

　　有九個頭的毒蛇，是大力士海克力士打敗的怪物之一，後來成為長蛇座。這個巨型星座全長超過100度，典型特徵是橫向分布而且寬大。長蛇座的心臟部分，是閃爍著紅光的二等星「星宿一」；身體部分則是較暗的星星匯聚而成，不太容易追蹤到。

相關神話請見22頁 ▶

獅子座

獅子的大鐮刀

軒轅十四

小犬座

長蛇座

南河三

星宿一

📍M83星系

所謂星系，是由數千億個星星匯集而成的恆星集團。長蛇座的尾巴下方，有個被稱為「M83」的星系，淡色的圓形星系旋轉成漩渦形，又稱作「南風車星系」。

想一眼看盡長蛇座的全身，有點難吔……

✦ 長蛇座

獅子座的軒轅十四和小犬座的南河三之間，是群星聚集的長蛇座頭部。

●身體部分朝東西方向延伸。
●心臟附近的星宿一是泛著紅光的二等星。

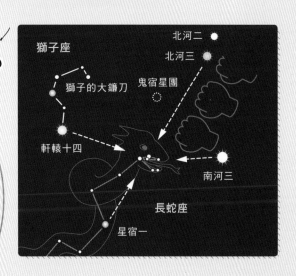

獅子座

北河二

北河三

獅子的大鐮刀

鬼宿星團

軒轅十四

南河三

長蛇座

星宿一

長了9個頭的毒蛇

打 敗九頭毒蛇，是海克力士的第 2 個冒險任務。海克力士穿戴上他打敗食人獅之後剝下來的獅子毛皮，和伊奧勞斯一同前往毒蛇出沒的雷路尼亞沼澤地。

牧夫座 獵犬座

春季夜空裡，在我們頭頂上方的天空可以看見北斗七星，它的旁邊是獵犬座，以及彷彿舉起拳頭的牧夫座。

北斗七星

牧夫座

獵犬座

常陳一

北冕座

大角星

✦晚間8點抵達
頂點的日期
6月2日左右

✦中天高度角
北75度

✦特色星
常陳一

✦發現難度
★☆☆

✦晚間8點抵達
頂點的日期
6月26日左右

✦中天高度角
北85度

✦特色星
大角星

✦發現難度
★☆☆

獵犬座

牧夫座

北

**探索
時機**　5月上旬晚間11點左右、
6月上旬晚間9點左右的天空。

牧牛人與他的兩隻獵犬

牧夫座的真正由來難以考據，據說是以巨人阿特拉斯為原型。牧牛人舉起的拳頭前方，可以看見用皮帶繫著的獵犬座，彷彿正在追趕北邊的大熊座。

相關神話請見26頁 ▶

見 追星 祕訣

✦ 牧夫座

南方天空的高處，指標為橘色的大角星。

- 由幾顆星排列成領帶的形狀。
- 大角星是春季大曲線的一部分。

✦ 獵犬座

在北斗七星與大角星之間尋找。

- 動作像是在追趕著大熊座。
- 除了常陳一與常陳四以外，其他很難找到。

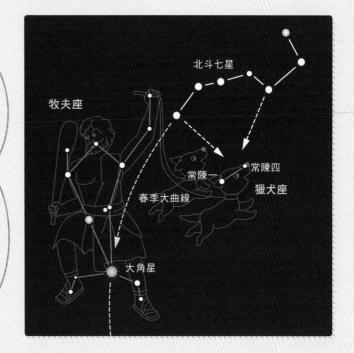

北斗七星

牧夫座

常陳一

常陳四

獵犬座

春季大曲線

大角星

春季大曲線是從北邊的北斗七星為起點喔！

扛著天空的善良巨人

神話故事中提到，夏季星座天龍座的巨龍，將身體盤蜷在這棵金蘋果樹上，

海克力士的第 11 項冒險任務，是前往三個女孩照料的赫斯帕里得斯花園，拿取金蘋果。然而海克力士卻不知道這個花園在哪裡。

於是……

啊？爸爸！

嗨！

嗨！

有人跟我要金蘋果，可以給他一顆嗎？

沒問題！

您怎麼來了？

要摘哪一顆呢？

呃……好重！還沒回來嗎？

沉甸甸

喂！我把金蘋果拿回來了！

真的是金蘋果耶！真是太感謝您了。

請他幫忙果然是對的。輕鬆達成任務！

嘿嘿

我本來是希望如此的！不過現在我的肩膀很痛，我可以去拿一個墊肩嗎？

要我幫你把這個金蘋果送去給國王嗎？

如果從此以後都要一直扛著天空，真的太慘了！

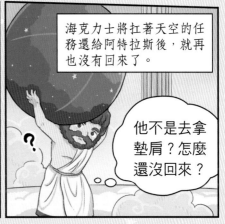

海克力士將扛著天空的任務還給阿特拉斯後，就再也沒有回來了。

他不是去拿墊肩？怎麼還沒回來？

北冕座

春季至初夏期間，我們可以在夜空高處看見牧夫座，旁邊有7顆閃爍的小星星，即為北冕座。

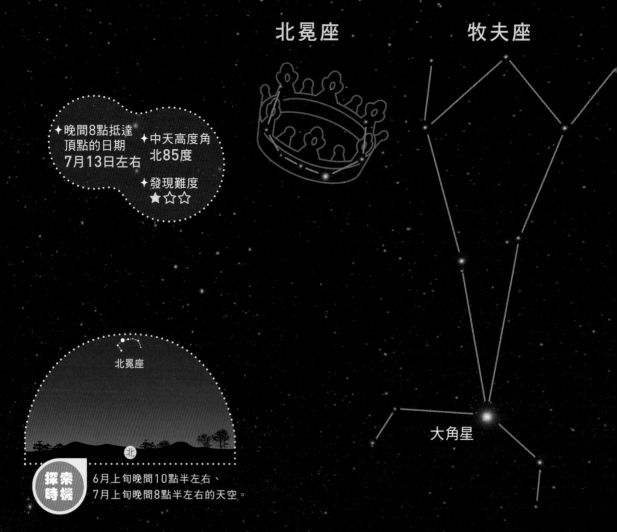

北冕座　　　　　牧夫座

✦晚間8點抵達
頂點的日期
7月13日左右　✦中天高度角
北85度

✦發現難度
★☆☆

北冕座

北

大角星

探索
時機　6月上旬晚間10點半左右、
7月上旬晚間8點半左右的天空。

7顆星星是公主閃亮的頭冠

北斗七星

　　酒神戴歐尼斯向阿里阿德涅公主求婚時，送她一頂頭冠，後來成為北冕座。

　　從春季至初夏，仰頭可以望見頭頂上方有7顆星星排列成半圓形，這就是北冕座最顯著的特徵，由於形狀完整，所以是非常容易看見的星座。夏季的南方天空中，還有一個形狀很相似的星座，稱為南冕座。

相關神話請見30頁 ▶

 見 追星 祕訣

✦北冕座
觀察排列成半圓形的7顆星星
● 從春季至初夏，可以在頭頂上方的高空找到。
● 可以從北斗七星的位置追蹤到。

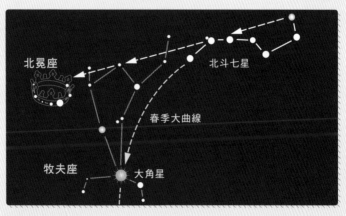

北冕座

北斗七星

春季大曲線

牧夫座　　大角星

29

被拋棄的公主

克里特島與雅典發生戰爭，戰勝的克里特島國王從雅典帶走了少年少女，把他們關在宮殿裡，成為牛頭人米諾陶洛斯的食物。在一次機緣中，宮殿裡的公主阿里阿德涅，遇見打敗牛頭人的雅典王子特修斯。

兩人立刻將孩子們帶上開往雅典的船。

現在海浪不穩，還是等平靜下來再出發吧！

特修斯停留在島上的夜晚，作了一個夢……

如果把阿里阿德涅公主帶回去，你將會不幸！

咦？

雅典娜女神！

驚醒！

於是特修斯把熟睡中的阿里阿德涅公主留下，悄悄駕船出發了。

阿里阿德涅，抱歉了……

你睡得很熟……

呼啊

咦？

大家都到哪裡去了？

為什麼把我丟下？

我不想活了……

一個人在這個島上好孤單……

阿里阿德涅公主受到戴歐尼斯的安慰與鼓勵，從此愛上了他，於是兩人結婚了。

我被獨自拋棄在這裡，好難過啊！

摸頭

你沒事吧？

喂！

戴歐尼斯此時送給阿里阿德涅公主的，就是鑲著7顆寶石的頭冠。

后髮座

春季夜空中，在頭頂上方隱約可以看見后髮座，位置在獵犬座與獅子座尾巴的中間。

北斗七星

牧夫座

獵犬座

常陳一

后髮座

大角星

五帝座一

獅子座

后髮座

南

✦ 晚間8點抵達頂點的日期
5月28日左右

✦ 中天高度角
88度

✦ 發現難度
★★☆

探索時機 4月上旬晚間11點左右、5月上旬晚間9點左右的天空。

王后的頭髮，也變成星座？

點綴在星星之間的王后秀髮

后髮座是由小星星們匯聚而成的疏散星團，是相當珍貴的星座。相傳，埃及法老托勒密三世的王后貝勒妮基，一頭美麗秀髮變成了星座，所以稱為「貝勒妮基后髮座」。

這個星團距離地球很近，用肉眼就可以看得見這群廣布的星星。

相關神話請見34頁 ▶

見 追星 祕訣

✦后髮座

春季夜晚，找一找頭頂上隱約閃爍的星群。

- 位於春季大鑽石之間。
- 星座本體是由很多小星星匯聚而成的星團。

⭐ 春季大鑽石

由牧夫座的大角星、室女座的角宿一、獅子座的五帝座一形成的「春季大三角」，若再加上獵犬座的常陳一，就形成像鑽石一樣的細長大四角形，稱之為「春季大鑽石」。

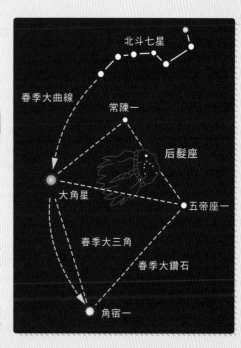

北斗七星

春季大曲線

常陳一

后髮座

大角星

五帝座一

春季大三角

春季大鑽石

角宿一

為祈求法老平安而奉獻的王后秀髮

埃及貝勒妮基王后，有著聞名國內外的一頭秀髮。

貝勒妮基王后的頭髮，真的好美麗啊！

我也好想像她一樣美麗。

神啊！如果這次埃及能戰勝，我願意獻上我的頭髮，以祈求我的丈夫平安歸來。

真的要這麼做嗎？

不會吧？

不久之後，埃及軍隊果然展開反擊，打敗亞述軍隊。

成功啦！我們回國吧！

哇！

吧！

太好啦！

這是真的嗎？我的丈夫可以回來了？

咦？她是誰？

咦？王后真的把頭髮剪下來了！

準備獻給神明？

貝勒妮基遵守約定，將頭髮獻祭在神壇上。

埃及法老終於平安回來。

我回來了！

埃及法老托勒密三世，持續進行與亞述帝國的漫長苦戰。某一次，這位埃及法老被敵軍捉住了。

歡迎您回來。

你是誰？

是我啊！

咦？貝勒妮基？

為、為什麼？

她的美麗頭髮呢？

抖......

王后為了祈求法老勝利歸來，把自己的秀髮獻給了神明。

是啊！

我親愛的妻子為了我，居然獻出最珍愛的秀髮……

沒關係的。

您能勝利歸來，才是最重要的。

啪噠

啪噠

法老！大事不好了！祭壇上的頭髮不曉得被誰偷走了！

什麼？

不用擔心！

登愣

哇！

天神宙斯感謝王后獻上秀髮，於是拿去點綴在星星之間喔！

原來如此。

你們看！

哈！

女神手持麥穗的前端，
閃閃發亮的那一顆星，
就是一等星的角宿一。

室女座

角宿一

南

探索
時機 4月下旬晚間11點左右、
5月下旬晚間9點左右的天空。

大角星

室女座

角宿一

✦晚間8點抵達 ✦中天高度角
頂點的日期 　61度
6月7日左右

✦特色星
角宿一

✦發現難度
★★☆

室女座 12星座 ♍

烏鴉座

春季大鑽石之中，從后髮座往南一點尋找
就可以看見室女座。室女座的一等星角宿
一，即使在明亮的夜空中也很顯眼。

手持麥穗的女神

人們對於室女座的原型不甚清楚，但有各種說法，有人說是大地女神狄蜜特的女兒波瑟芬妮，也有人說是正義女神阿斯特萊雅。

室女座是整個天際中第二大的星座，其中閃爍著白光的一等星角宿一，是構成春季大三角的成員之一；其他的構成星則比較暗，排列成「Y」。

相關神話請見38頁 ▶

見 追星 祕訣

✦室女座

在南方天空的低處，其指標是閃爍著白光的角宿一。

- 橫臥在春季大三角之中。
- 排列的方式類似橫臥的Y字形。

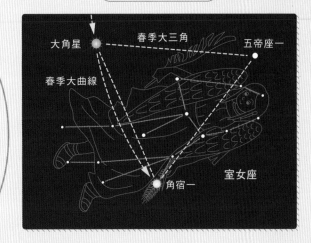

大角星　　春季大三角　　五帝座一
春季大曲線
室女座
角宿一

⭐ 角宿一與大角星

室女座的角宿一和牧夫座的大角星，合稱「春季夫妻星」。這兩顆星本來有點距離，但據說6萬年之後，運行速度較快的大角星會更接近角宿一，到時人們可以見到這兩顆星緊挨在一起閃閃發亮的樣子。

被帶往冥界的少女

波瑟芬妮！你到哪裡去了？

剛剛好像有個女孩被冥界之王帶走了！

太可怕了，有人說親眼看見她被帶走了！

是誰？被帶到陰間呢……

是波瑟芬妮被帶走了……我敢確定！

登場人物

♦ 波瑟芬妮
狄蜜特的女兒。

♦ 狄蜜特
大地女神。天神宙斯

♦ 黑帝斯
性格嚴厲的冥界之王。

♦ 荷米斯
宙斯的使者。是認真

絕望的大地女神狄蜜特躲在洞穴中，從此樹木枯萎，穀物也不再生長。

再這樣，大家都活不下去了！

肚子好餓啊……

這時，傳令之神荷米斯前往勸說冥界之王。

求求你！狄蜜特如果見不到女兒，穀物會長不出來，人們就沒有食物了！

請高抬貴手，讓我回到母親身邊吧！

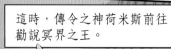

可以讓我把波瑟芬妮帶回去嗎？

你的要求也太唐突了！

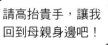

看在你的份上……

大地女神狄蜜特，有個名叫波瑟芬妮的女兒。某天，波瑟芬妮正在採花嬉戲時，地面突然裂開一個大洞，冥界之王黑帝斯從洞中伸出手來，把波瑟芬妮帶到地底，也就是死者所居住的「冥界」。

波瑟芬妮，吃吃看這個。

哇！謝謝！看起來很好吃！

咀嚼 咀嚼

後來……

母親大人！

!!

波瑟芬妮！

狄蜜特重拾笑顏，大地上的草木立刻恢復生機。

冥界之王對我很好，他給我的石榴很好吃喔！

咦？這是冥界的食物？

哎呀！糟糕！

怎麼了？發生什麼事？

如果吃了冥界的食物，就再也不能返回地面上了。

啊！

沒辦法，吃了4個的話，一年之中必須有4個月要住在冥界。

啊？4個月？

從此，波瑟芬妮回到冥界的4個月期間，成了寒冷陰暗的季節，也就是四季裡的冬季。

✦ 晚間8點抵達
頂點的日期
5月8日左右
✦ 中天高度角
50度
✦ 發現難度
★★☆

角宿一 ●

烏鴉座

✦ 晚間8點抵達
頂點的日期
5月23日左右
✦ 中天高度角
47度
✦ 發現難度
★☆☆

巨爵座

烏鴉座
巨爵座

從春季至初夏，在室女座與長
蛇座之間，可以找到並排的烏
鴉座和巨爵座喔！

巨爵座
烏鴉座

南

探索
時機

4月上旬晚間10點左右、
5月上旬晚間8點左右的天空。

這兩個星座看起來好像
乘坐在長蛇座的背上喔！

乘坐在長蛇身上的烏鴉與獎盃

長蛇座

星宿一

烏鴉座象徵太陽神阿波羅的使者烏鴉，本來是一隻有著銀色翅膀的鳥，據說因為牠說了謊，所以全身變成黑色，而且烏鴉的嘴喙碰不到隔壁巨爵座的杯口，所以無法喝水。烏鴉座呈四邊形，巨爵座則像一座優勝獎盃，但是與顯眼的烏鴉座比起來，巨爵座是較不醒目的星座。

見 追星 祕訣

✦烏鴉座

在室女座的角宿一西邊，一個小小的四邊形。

● 位於南方天空低處的位置。
● 可以從春季大曲線追蹤到。

✦巨爵座

與室女座的角宿一和獅子座的五帝座一，形成等腰三角形。

● 在烏鴉座的四邊形西側。
● 由許多較暗的星星構成。

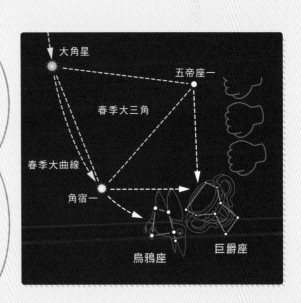

大角星

五帝座一

春季大三角

春季大曲線

角宿一

烏鴉座

巨爵座

六分儀座
唧筒座

巨爵座和烏鴉座並排在長蛇座的背上，
同一側可以看到六分儀座。而長蛇座的
另一側，可以看到唧筒座。

軒轅十四

六分儀座

巨爵座

烏鴉座

✦晚間8點抵達
頂點的日期
4月20日左右
✦中天高度角
63度
✦發現難度
★★★

星宿一

長蛇座

✦晚間8點抵達
頂點的日期
4月17日左右
✦中天高度角
33度
✦發現難度
★★★

唧筒座

42

探索時機

3月上旬晚間11點半左右、
4月上旬晚間9點半左右的天空。

受長蛇守護的學者研究工具

六分儀是17世紀時用來進行天文觀測的儀器，而唧筒指的是18世紀化學實驗使用的真空氣泵，這些用具的形狀構成了天上的星座。天文學者約翰・赫維留斯（Johannes Hevelius）的六分儀在一場火災中被燒毀了，為了紀念心愛的六分儀，他把六分儀座設置在長蛇座與獅子座之間。

見 追星 秘訣

✦ 六分儀座

往南方天空的低處尋找，獅子座的軒轅十四與長蛇座的星宿一之間，形成「ヘ」形狀的三顆星。

● 位在長蛇座頭部東側。
● 由較暗的星星構成，不容易看到。

✦ 唧筒座

往南方天空的低處尋找，在比長蛇座的星宿一略低一點的位置。

● 由較暗的星星構成，不容易看到。
● 往南方天空低處、視野開闊的區域尋找。

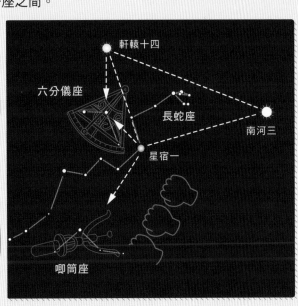

軒轅十四
六分儀座
長蛇座
南河三
星宿一
唧筒座

豺狼座　半人馬座
奧米茄星團
南

探索時機 5月上旬晚間11點左右、6月上旬晚間9點左右的天空。

豺狼座

奧米茄星團

✦晚間8點抵達頂點的日期
7月3日左右

✦中天高度角
23度

✦發現難度
★★★

半人馬座

豺狼座
半人馬座

從春末至初夏期間，可以在唧筒座東邊的
地平線附近看見豺狼座和半人馬座。

拿著長矛刺向
豺狼的半人馬座

上半身是人、下半身是馬的人馬,是半人馬座的象徵。在希臘神話中,半人馬被稱為「Centaurus」,據說多半性情暴戾,因此人們想像出半人馬以長矛刺向隔壁豺狼座的姿態。

這兩個星座都位於南方地平線附近,在臺北可以看見完整的豺狼座和九成的半人馬座。

相關神話請見46頁 ▶

見 追星 祕訣

✦豺狼座・半人馬座

找找看南方地平線上,室女座的角宿一與天蠍座的心宿二。

- 在臺北可以看見完整的豺狼座和九成的半人馬座。
- 從東向西,在南方地平線上移動。

✦晚間8點抵達
頂點的日期
6月7日左右

✦中天高度角
18度

✦發現難度
★★★

⭐ 奧米茄星團

一群星星匯聚在一起,稱為星團。半人馬座的腰部附近,有個由無數星星匯集而成的奧米茄星團,從前曾一度被認為是一顆星,據說是球狀星團中最明亮的。

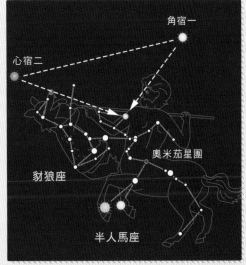

角宿一

心宿二

奧米茄星團

豺狼座

半人馬座

好脾氣的半人馬佛勒斯

傳 說半人馬族多半性情野蠻，佛勒斯是其中比較親切的人馬。某日，佛勒斯在厄律曼托斯山捕捉大野豬時，遇到了海克力士，兩人一拍即合，意氣相投。

你這個小偷！竟敢偷喝我們的酒！

什麼？

喂！沒事吧？

你們怎麼突然來啦！

這個人是誰？我們快逃吧……

呵，他們逃得還真快！

我的毒箭害怕了吧！

咦？

這支箭有什麼厲害之處嗎？

佛勒斯，我們繼續喝酒吧！

咦？

佛勒斯？

難道他剛剛碰到了我的箭？

啊！

喀嘞

從此半人馬佛勒斯成為天上的星座。

夏季星空

夏天是最能清楚見到銀河的季節。在銀河附近，會有很多明亮星星聚集，熱鬧非凡。

何時會出現這樣的星空？

- ✦ 6月上旬：凌晨1點左右
- ✦ 6月中旬：凌晨0點左右
- ✦ 7月上旬：晚間11點左右
- ✦ 7月中旬：晚間10點左右
- ✦ 8月上旬：晚間9點左右
- ✦ 8月中旬：晚間8點左右

把這本書高舉到頭上，對照方位，就可以找到星星的位置！

? 什麼是生日星座？

地球繞太陽公轉一周需耗時一年，從地球上來看，太陽會在一年之中行經各個星座，太陽所經過的這個路徑，稱為「黃道」；而黃道所經過的12星座，就稱為「黃道12星座」。所謂生日星座，指的就是這12個星座。

? 既然是生日星座，為什麼生日的時候看不見呢？

生日的時候，從地球望見太陽的方向，就是生日星座的所在位置。換句話說，就算在此時看向這個方向，也可能因為天空太明亮而看不見。如果想在傍晚時刻向南方天空看見生日星座，大概要提前到生日前3個月。

夏季星座的追星祕訣

步驟 1 找到頭頂上閃閃發亮的**夏季大三角**

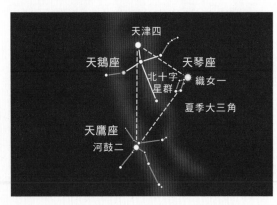

朝向南邊,抬頭仰望天空最高點,先找到頭上最明亮的星——天琴座的織女一;在織女一偏東一些,會發現左上方閃閃發亮的天鵝座天津四;然後在略低於天津四的地方,可以看見天鷹座的河鼓二,那就是著名的「牛郎星」。這三個一等星連結起來,就是夏季大三角。

步驟 2 找到南方天空低處的**天蠍座**

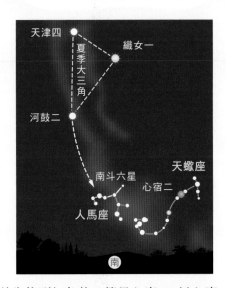

首先找到紅色的一等星心宿二,以心宿二為中心畫一個大S,就是天蠍座。銀河的東邊(左側),有6顆星排成有柄勺子狀,被稱為「南斗六星」,也是人馬座的上半身。

步驟 3 找找看織女一與心宿二之間的**蛇夫座**

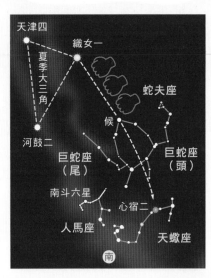

把視線移到織女一與心宿二連結線的中間。這個有點陰暗的區域,有一個類似五角形的星座就是蛇夫座。從蛇夫座往左右尋找,可以發現到巨蛇座,右側是蛇頭的位置。

天蠍座

12星座 ♏

夏季傍晚，可以在正南方的天空見到一顆紅色大星星。以這顆紅星為中心，畫一個大S曲線，就是天蠍座。

天蠍座　心宿二

南

探索時機 7月中旬晚間8點左右、8月中旬傍晚6點左右的天空。

人馬座

南斗六星

⭐ 心宿二

心宿二在西方稱作「Antares」，由anti和ares兩個字組成。「anti」是具有對抗意味的字首，而火星呈現火紅色，別名是「Ares」，因此心宿二具有「對抗紅色火星」之意，別名「火星的敵人」。心宿二在羅馬時代被稱為「天蠍座的心臟」，像太陽一樣的恆星逐漸衰老與膨脹後，表面的溫度變低，看起來是紅色的。

以紅色星星為標記的大蠍子

位在天蠍座中心附近的心宿二，是閃爍著紅光的一等星，也是夏季夜空中最顯眼的一顆星。天蠍座以美麗的大S形狀而聞名，尾巴的毒針彷彿指向銀河，當天蠍座開始升起時，冬季星座代表的獵戶座便同時下降，兩者永不相遇。

相關神話請見52頁 ▶

✦晚間8點抵達 ✦中天高度角
頂點的日期 **38**度
7月23日左右

✦特色星
心宿二

✦發現難度
★☆☆

天蠍座

心宿二

在銀河的東側，可以看見人馬座。

 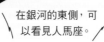追星

✦**天蠍座**

以南方天空低處就看得見的紅色心宿二為指標。

●以心宿二為中心，畫一個S曲線。
●天蠍的尾巴位於銀河最明亮的地方。

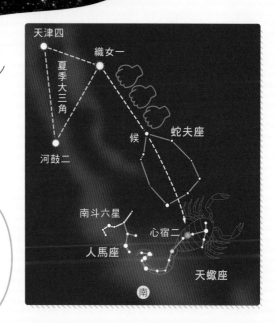

天津四

織女一

夏季大三角

河鼓二

候

蛇夫座

南斗六星

心宿二

人馬座

天蠍座

南

攻擊獵人的大蠍子

⭐ 身為眾神之王宙斯的妻子，希拉擁有和他同等高位的權力。宙斯生性風流，希拉的嫉妒心重，希臘神話中有很多故事流說希拉對付宙斯的情人與私生子女時所造成的悲劇。

獵 人奧里翁是力氣很大的男子，自認是天下第一強者，並到處宣示他的強力，
眾神對奧里翁的自大行徑都很不以為然。

奧里翁這小子
居然還在哼歌。

那傢伙居然完全
沒注意到我？

喀
擦

嗯？

怎麼……

身體怎麼突然……

謝謝你啦！
做得好！

滋滋

啪
噠

嗚呼

真是可愛的小蠍子！

不客氣！天后大人！

從此以後，蠍子與獵
人奧里翁便成為天上
的天蠍座與獵戶座。

卻永不相遇。

獵人奧里翁從此得了蠍子
恐懼症，一直到今天還是
躲蠍子躲得遠遠的。

嗚哇！
是蠍子！

人馬座

南斗六星

人馬座 12星座

人馬座位於天蠍座尾巴的正後方，看起來像是正要從後方攻擊大蠍子。這是一個從銀河帶上可以看得相當清楚的星座。

瞄準蠍子的半人馬凱隆

人馬座俗稱「射手座」，它的樣貌為上半身是人、下半身是馬的半人馬。「射手」指的是射弓箭的人，射手座所瞄準的，就是天蠍座的一等星心宿二。

半人馬乍看似乎是外型奇特的生物，半人馬中最聰明的凱隆，就是人馬座的象徵。

相關神話請見56頁 ▶

心宿二

📍⭐ 南斗六星

位於銀河上的6顆明亮星星，稱為「南斗六星」，屬於人馬座的一部分，形狀近似北方的北斗七星。在西方，南斗六星被形容為從「乳之路」（Milky way，意即銀河）舀出牛奶的勺子。

✦ 晚間8點抵達頂點的日期
9月2日左右

✦ 中天高度角
36度

✦ 發現難度
★ ☆ ☆

✦ 特色星
南斗六星

天蠍座

探索時機

7月上旬晚間11點左右、8月上旬晚間9點左右的天空。

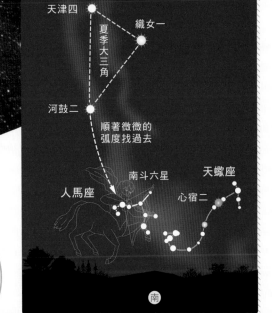

天津四
織女一
夏季大三角
河鼓二
順著微微的弧度找過去
南斗六星
天蠍座
人馬座
心宿二

南

🔍見 追星 祕訣

✦ 人馬座

從南方天空低處先找到南斗六星。

● 注意心宿二的東側，銀河上最明亮的部分。
● 也可以從天鷹座的河鼓二追蹤到人馬座。

悲劇的半人馬凱隆

據說半人馬凱隆就是首先將夜空中閃閃發亮的星星是加以整理排列的人物。

凱隆的身體從腰部以下是馬的型態，屬於半人馬族。半人馬族多半性格暴戾，但凱隆卻是眾所皆知的賢者，具有高深的智慧和無比的正義感。海克力士的箭術據說就是凱隆傳授的。

凱隆
老師！

我很抱歉……

糟糕！這支箭上殘留著之前砍倒九頭蛇的毒……

嘶

嘶

沒關係，海克力士，你真的打敗了九頭蛇嗎？

老師！再這樣下去，您會死啊！

不要緊，這麼一點毒，不會要了我的命。

老師，再會了……

因為我是不死之身啊！

搖搖晃晃

怎麼辦？都是我的錯……

話雖這麼說，這種疼痛好像很嚴重……

我開始發燒了……

喔？

普羅米修斯，我該把性命交給你嗎？

你想成為不死之身嗎？

不死之身？太不可思議了，我當然想要！

果決！

我們來日再見吧！

就這樣，凱隆從腳傷的痛苦中解脫，幻化為人馬座，離苦得樂了。

盾牌座

南冕座
盾牌座

南冕座位於人馬座的腳邊，盾牌座則位於人馬座的頭上，這兩顆閃亮的星座就像是把人馬座夾在中間。

✦ 晚間8點抵達
頂點的日期
8月25日左右

✦ 中天高度角
54度

✦ 發現難度
★★☆

南斗六星

人馬座

✦ 晚間8點抵達
頂點的日期
8月25日左右

✦ 發現難度
★☆☆

✦ 中天高度角
24度

盾牌座

南冕座

南

南冕座

探索
時機

8月上旬晚間9點左右、
9月上旬晚間7點左右的天空。

繞著半人馬旋轉的
盾牌與王冠

人馬座凱隆頭上的盾牌座，由三顆小型星星組成，是一顆以17世紀波蘭國王命名的新星座。而南冕座的特徵是星星排列成像王冠一樣的半圓形，因為已經有一個形狀像王冠的北冕座，為了加以區別，便稱為「南冕座」。

南冕座？南方的冕冕？

 見 追星 祕訣

✦ 南冕座

在南方地平線附近尋找排列成半圓形的星星。

- 位於人馬座南邊的小星座。
- 位於南方低空的視線開闊之處。

✦ 盾牌座

注意銀河特別明亮的部分。

- 盾牌座就位於天鷹座與人馬座之間。
- 星星的排列不容易看清楚。

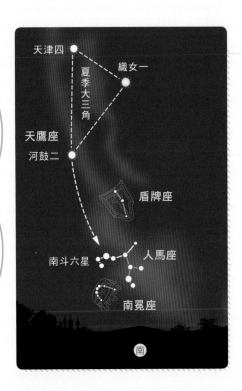

天津四　　織女一
夏季大三角
天鷹座
河鼓二
盾牌座
南斗六星　　人馬座
南冕座
南

天秤座

12星座

天秤座位於天蠍座頭部斜上方的位置，
原本是屬於天蠍座螯的一部分。

α星

心宿二

天蠍座

天秤座

天秤座

南

探索時機 6月中旬晚間10點左右、
7月中旬晚間8點左右的天空。

✦ 晚間8點抵達   ✦ 中天高度角
　頂點的日期　　 **50度**
　7月6日左右

✦ 特色星
　α 星

✦ 發現難度
　★☆☆

天蠍身旁的正義女神天秤

天秤座的形象，是正義女神阿斯特萊雅手持的「衡量人性善惡之天秤」。也有天秤座旁邊的室女座就是女神阿斯特萊雅的說法。

位於天蠍座與室女座之間的天秤座，因為沒有明亮的星星，比較不容易看到，星星排列成左右反轉的注音符號「く」，是它的顯著標記。

相關神話請見62頁 ▶

 見 追星 祕訣

✦ 天秤座

在天蠍座的心宿二與室女座的角宿一中間區域尋找。

- 角宿一是天秤座西側那顆白色的一等星。
- 看起來像是有三顆星排列成左右反轉的注音符號「く」。

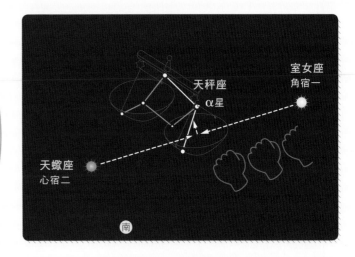

室女座
角宿一

天秤座
α星

天蠍座
心宿二

南

星星亮度的等級是以數值表示，數值越小，亮度越亮。

⦿ 雙星

所謂雙星，指的是兩顆星星並排，而且距離看起來非常近。天秤座的α星，較大的那顆亮度是2.9，較小的那顆是5.3，肉眼就可以看出這兩顆星靠得非常近。

天秤座的神話

衡量世間**善惡**的**天秤**

姊姊手裡拿的是什麼？

說到這個……

好持別啊！

它可是能夠衡量世間善惡的天秤喔！

如果天秤傾向「善」的一方，表示大家都在做好事。

哇！現在大家都在做好事吔！

這個時代被稱為「黃金時代」。

後來到了白銀時代，即使四季分明，作物持續生長……

但人們卻變得貪婪，互相嫉妒爭奪。

傾斜

很久以前，神與人一起住在世界上，正義女神阿斯特萊雅也是其中之一。

登場
人物

★阿斯特萊雅

明辨善惡的正義女神。

颯——

我們去天上吧！

這個世界已經無法再居住了！

只有一個女神，依然鍾愛著世間的人們。

我要留在這個世界教導世人，讓他們明辨對錯。

然而到了青銅時代，人們刀劍相向，戰爭不斷。

唔嗯⋯

我再也受不了了！

等到這個世界變成黃金時代，我才會回來！

啊！

阿斯特萊雅女神⋯⋯

從此，天秤成為天上的星座。

天琴座

從夏季夜晚的頭頂正上方高處，可以看到天琴座。天琴座包含閃爍著藍白光芒、構成夏季大三角之一的織女一。

天津四

天鵝座

天琴座

織女一

✦晚間8點抵達頂點的日期
8月29日左右

✦中天高度角
北80度

✦特色星
織女一

✦發現難度
★☆☆

夏季大三角

河鼓二

天鷹座

在銀河畔閃爍的豎琴

天琴座的「琴」，就是音樂好手奧菲斯愛用的西洋豎琴。琴的右上方，是夏季夜空中最明亮的織女一。仰望夏季的銀河，可以清楚看見構成夏季大三角的三顆星，織女一位於銀河的西邊，是三顆星中最明亮的一顆。

相關神話請見66頁 ▶

仰望夜空，找找看吧！

見 追星 祕訣

✦ 天琴座

以頭頂上方閃爍著白色光芒的織女一為標記。

- 織女一是夏季夜空中最明亮的星星。
- 除了織女一之外，其他四顆星排列成一個小小的四邊形。

織女一　天琴座

北

探索時機 7月上旬晚間11點左右、8月上旬晚間9點左右的天空。

⭐ 織女一

在東亞地區，大家對七夕的織女星都很熟悉。銀河端點位置的織女一，是在一等星中也特別明亮的0.0等星，在夏夜裡閃爍著有如鑽石般的光芒，因此被稱為「夏夜的女王」。

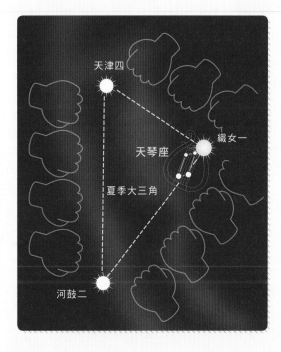

天津四

天琴座　織女一

夏季大三角

河鼓二

永遠愛著妻子的 音樂家

音樂好手奧菲斯，深愛著妻子尤莉狄絲。某天，尤莉狄絲在散步途中，被毒蛇咬到而喪命。奧菲斯為了讓妻子起死回生，於是前往亡者所居住的冥界。

⭐ 冥王黑帝斯的妻子波瑟芬妮，據說就是室女座所呈現的女性姿態。

天津四

天鵝座

天鷹座

天鷹座位於銀河的另一端、天琴座的東側。天鷹座的河鼓二，與天琴座的織女一、天鵝座的天津四，構成夏季大三角。

織女一

天琴座

夏季大三角

河鼓二

天鷹座

河鼓二

天鷹座

南

探索時機 7月上旬晚間11點左右、8月上旬晚間9點左右的天空。

展膀飛翔的大鷹

天鷹座的中心，有一顆白色的星星「河鼓二」，河鼓二的旁邊，有兩顆小星星和它排成一直線；古時候的阿拉伯把這條由星星排列而成的一直線，聯想成在沙漠中展翅飛翔的老鷹。

在神話中，據說天鷹是擔任天神宙斯信使的老鷹，也有人說是宙斯變身而成的老鷹。

相關神話請見70頁 ▶

 見 追星 祕 訣

✦天鷹座

注意頭頂正上方的銀河東側，閃爍著白色光芒的河鼓二。

● 天鷹座的河鼓二（俗稱牛郎星）與天琴座的織女一（俗稱織女星），被隔開在銀河的兩側。
● 河鼓二與左右兩側的小星星排列成一直線。

✦晚間8點抵達頂點的日期
9月10日左右

✦中天高度角
68度

✦特色星
河鼓二

✦發現難度
★☆☆

📍河鼓二

它就是人們所熟知的七夕牛郎星。它面向銀河，是比天琴座織女一亮度略低的0.8等星，但據說它的自轉速度是太陽的100倍。

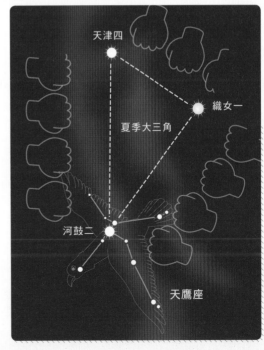

天津四

織女一

夏季大三角

河鼓二

天鷹座

69

聽命於天神的老鷹

啪沙

我渴了……

請等一下，老鷹很快就會把水送來了

啊？還要等一下？

看！鷹使者把水送來了。

啪沙

咚

每次鷹使者回來之後，宙斯大人都很高興呢！

你回來啦！

呵呵……

後來，宙斯長大了。

有關於天鷹座的原型，也有一說是宙斯變身成老鷹，去抓回變成寶瓶座的少年加尼米德。

天神宙斯年幼時，住在克里特島的洞穴中，由一群寧芙仙女養大。少年宙斯的身邊總有一隻深色的大鷹。

在與泰坦族*作戰時，大鷹也是宙斯的好幫手。

嘿嘿……終於要結束了嗎？

糟了！弓箭用完了！

什麼？

啾

來得正是時候！

這隻可惡的老鷹！

啪沙

做得好！

由於大鷹的協助，宙斯取得了勝利。

啪沙

呃？嗯嗯。

今天有這樣的好消息啊！

哈哈哈

據說，這隻聽命於宙斯的老鷹，後來就成為天鷹座。

* 泰坦族：與宙斯對立的其中一支神族，特徵為身體巨大。

天鵝座

✦晚間8點抵達頂點的日期 9月25日左右　✦中天高度角 北70度

✦特色星 天津四

✦發現難度 ★☆☆

天鵝座

天鵝座位於夏季夜晚頭頂正上方的高處、銀河中央的位置。天鵝座的天津四與天琴座的織女一、天鷹座的河鼓二，構成夏季大三角。

天鵝座

天津四

東

探索時機 8月上旬晚間9點左右、9月上旬晚間7點左右的天空。

天鵝座

天津四

夏季大三角　織女一

天琴座

天鵝座 β

天鷹座

河鼓二

在銀河裡飛翔的大天鵝

　　天鵝座與北十字星群並排，它張開翅膀的大天鵝原型，據說是天神宙斯變身而成。五顆明亮的星星連在一起，恰好顯現出大天鵝的姿態，看起來就像在夏季大三角中伸長脖子，展翅飛翔。

相關神話請見74頁 ▶

 追星 祕訣

✦ 天鵝座

頭頂上方的銀河之中，有一個大十字形，是天鵝座最顯著的特徵。

● 尾巴處的天津四，是夏季大三角之一。

● 天鵝的長頸往夏季大三角內部延伸。

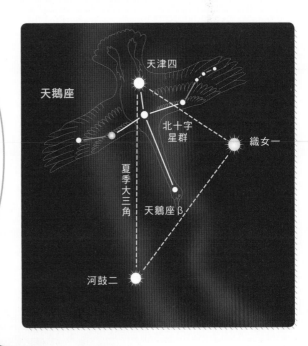

天鵝座

天津四

北十字星群

織女一

夏季大三角

天鵝座 β

河鼓二

十字形真美麗……

📍 北十字星群與南十字座

天鵝座的十字，因為與南半球的南十字座形狀近似，因此被稱為「北十字星群」。若與南十字座比較，北十字星群的十字形較不明顯，但它在夜空中的寬廣程度，是一大特徵。

73

愛慕王妃的天鵝

阿芙蘿黛蒂……
我有話想
對你說。

我現在有喜歡
的人了……

真好呀！♥

哇！

你不是掌管愛與
美的女神嗎？
你可以賜給我與
她的愛情嗎？

什麼？

我喜歡的
是麗妲王妃
……

嗯●●●●●●

好吧！

我有個
好主意！♪

？ ？ ？

麗妲王妃？

那位絕世美女？

女性只要見到可愛
的事物，就容易被
感動。

所以呢？

你變成天鵝，
我變成老鷹！

然後由我凶
猛的追趕著
你……

啪噠

好主意！那麼王
妃就會來解救變
成天鵝的我！

嘿嘿

嘿嘿

啪噠

希 臘斯巴達王國的麗妲王妃是有名的美女，天神宙斯對她一見鍾情，卻苦於沒有機會接近她，於是向掌管愛與美的女神阿芙蘿黛蒂請教如何得到她的愛。

付諸行動的那一天

喀沙

準備好了嗎？開始吧！宙斯大神！

啪啪

吞口水

我準備好了……

啊！那隻天鵝正被老鷹追逐……

啪沙

啪沙

不要欺負弱小！

啪噠

啪噠

啪啪

走開！

可愛的天鵝，沒事了喔……

乖……

啪沙

後來，王妃產下兩顆蛋，其中一顆變成雙子座的北河二與北河三。

登場人物

◆ 宙斯
希臘神話中的眾神之王。喜愛俊男美女。

◆ 阿芙蘿黛蒂
掌管愛與美的女神。自視甚高。

◆ 麗妲
斯巴達國王之妻。絕世美女。

天鵝座的由來還有另一個說法：據說少年法厄同掉入波江，他最好的朋友賽格納斯悲痛萬分，變成一隻天鵝，在波江上徘徊尋找法厄同，後來就變成天鵝座。

天龍座 蝎虎座

天龍座靠近天琴座的織女一，蝎虎座則是天鵝座天津四附近的星座。

天龍座

右樞

北斗七星

◆晚間8點抵達頂點的日期 8月2日左右

◆中天高度角 北55度

◆特色星 右樞

◆發現難度 ★★☆

北極星

盤旋在北極星周圍的天龍和 潛伏在銀河裡的蜥蜴

天龍座的特徵，就是盤繞在北極星外圍半圈的細長形狀，終年可在北方的天空見到，但是夏季時會升到夜空的高處。希臘神話中，有一則故事提到一隻龍守護金蘋果樹時睡著了，指的就是天龍座。

蝎虎座有點像是銀河裡一個淡淡的小陰影，多半是亮度較暗的星，所以不太容易看到。

天津四

蝎虎座

✦ 天龍座

在天琴座的織女一和北極星、北斗七星之間找找看。

- 天琴座的織女一附近，是四角形的龍首。
- 北極星與北斗七星之間，是延展而出的龍尾。

✦ 蝎虎座

在天鵝座、仙后座、飛馬座之間找找看。

- 就在銀河的旁邊。
- 由一連串較暗的星星排列成鋸齒狀。

✦ 晚間8點抵達頂點的日期 **10月24日左右** ✦ 中天高度角 北69度

✦ 發現難度 ★★★

仙后座

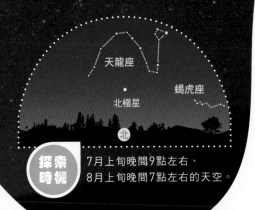

天龍座　蝎虎座　北極星　北

探索時機 7月上旬晚間9點左右、8月上旬晚間7點左右的天空。

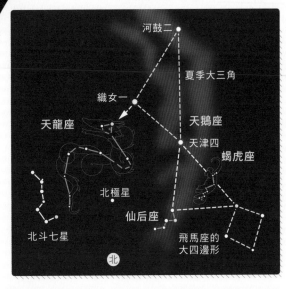

河鼓二　夏季大三角　織女一　天龍座　天鵝座　天津四　蝎虎座　北極星　仙后座　北斗七星　飛馬座的大四邊形　北

⭐ 右樞

天龍座的尾巴有一顆被稱為右樞的星星，它在5000年前曾是正北方的指標（可說是當時的北極星）。北方的指標星會隨著時間而更動，這是因為地球的自轉軸也逐漸變換方向的緣故。

武仙座

探索時機 5月上旬晚間11點左右、6月上旬晚間9點左右的天空。

天津四

◆晚間8點抵達
頂點的日期
8月5日左右
◆中天高度角
北88度
◆發現難度
★★☆

夏季大三角

織女一

武仙座

河鼓二

候

帝座

武仙座

夏季夜空中的頭頂正上方，可以從
天龍座頭部前端往上尋找武仙座。

位於武仙座頭部的帝座星，指的是跪下者的頭部喔！

戰勝詛咒的顛倒勇士

在神話世界中，力量最強大的英雄是海克力士，他變成的武仙座呈現手持棍棒的英姿，不過卻是頭下腳上的顛倒姿態。據說他歷經重重危險，只為破解希拉女神的詛咒，所以才呈現這個姿態。

武仙座本體明亮的星星較少，不太容易看清楚，不過頭頂上的高空看見排列成「H」的星星，就是它的標記。

相關神話請見80頁 ▶

見 追星 祕訣

✦武仙座

找出頭頂正上方排列成「H」的星星。

● 位於天琴座的織女一與北冕座中間。
● 武仙座的腰部是H的凹陷處。

好大的星座，這樣很不容易看到整體的樣子吧……

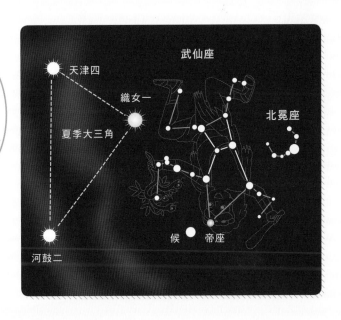

完成12項冒險的勇士

好恨！真希望這個孩子死掉！

你們去吧……

嘶

嘶

蠕動

嘶

沙沙

睜眼

呵呵！

砰啪

砰啪

怎麼會這樣？到底要怎樣才能讓那個孩子死掉？

嗚……太可恨了！

那個可怕的孩子！

喀滋

雖然受到希拉女神憎恨，海克力士仍順利長成強壯傑出的青年，成為希臘第一勇士。

不過，海克力士沒能躲掉希拉女神的詛咒。

海克力士是天神宙斯與阿爾克墨涅的私生子，因此受到宙斯妻子希拉的詛咒，打從一出生，性命就受到威脅。

希拉詛咒海克力士將來會遇到一樁突發事件，導致他整個家族被殺。

唉！我為什麼會受到這樣的詛咒呢？

鬱悶

不安

啊？海克力士會把家人殺掉？

哇！好可怕！

我聽說他是個勇士呢！

好吧，為了贖罪，我要去服侍歐律斯透斯國王。

堅定

歐律斯透斯國王心地很壞，給海克力士一個大難題。

我打敗食人獅回來了！

吼

咻！

嘶啪

我斬殺九頭毒蛇回來了！

我把凶惡的守衛犬凱爾伯洛斯帶回來了！

嘎吼……

不論他去哪裡，總有本事平安回來，真是太可怕了！

抖

抖

膽小的國王很害怕強而有力的海克力士。

我還是離他遠一點吧……

……

怨恨

就這樣，海克力士完成12項冒險任務，再度被盛讚為英雄。

真是意外啊！

怪物都被打敗了！

真的是英雄呢！

★ 海克力士在12項冒險中打敗的三頭猛獸，最後變成天上的獅子座、長蛇座和巨蟹座，在春季夜空中閃閃發光。

蛇夫座・巨蛇座

蛇夫座所在的位置,面對著倒立的武仙座;
巨蛇座則是在蛇夫座的身體兩側。

候　　帝座

巨蛇座(頭)

+ 晚間8點抵達頂
  點的日期
  蛇頭
  7月12日左右
  蛇尾
  8月17日左右

+ 中天高度角
  蛇頭73度
  蛇尾60度

+ 發現難度
  ★★★

巨蛇座(尾)

蛇夫座

+ 晚間8點抵達
  頂點的日期
  8月5日左右

+ 中天高度角
  57度

+ 特色星
  候

+ 發現難度
  ★★☆

蛇夫座
巨蛇座
(尾)
巨蛇座
(頭)
南

探索時機 7月上旬晚間10點左右、
8月上旬晚間8點左右的天空。

心宿二

不是弄蛇人，
而是醫生啦！

雙手抓著大蛇的名醫

蛇夫座是醫術之神阿斯克勒庇俄斯的姿態，蛇夫座的頭部是一顆名叫「候」的星，面向武仙座的帝座星，並且與之並排；而巨蛇座就在蛇夫座的兩側，頭與尾分別位於東西兩端，彷彿纏繞在蛇夫身上。

相關神話請見84頁 ▶

見 追星 祕訣

✦蛇夫座・巨蛇座

在天琴座的織女一與天蠍座的心宿二之間，找到「候」這顆星。

- 你可以看見「候」與武仙座的「帝座」排列在一起。
- 蛇夫座的形狀像一枚日本將棋。
- 巨蛇座的頭尾分別位於蛇夫座左右兩側。

把蛇夫座與巨蛇座當成同一個星座，會比較容易理解喔！

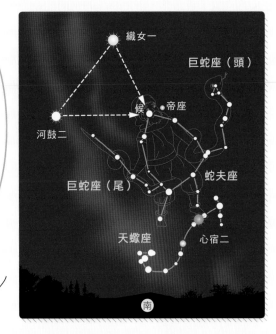

織女一
巨蛇座（頭）
候 帝座
河鼓二
巨蛇座（尾）
蛇夫座
天蠍座
心宿二
南

濟世救人的名醫

老師，我弄懂這個問題囉！

很好！

阿斯克勒庇俄斯真的很聰明喔！

乖……給你喝水……

啪噠

啪噠

嗚～

這個孩子心地善良，我要教他醫術。

阿斯克勒庇俄斯果然成為優秀的醫生。

阿斯克勒庇俄斯醫生可以讓人起死回生也！

你們是傻瓜嗎？

真的？！

今天也有病人被送來喔！

把這個藥喝下去，就可以恢復氣息喔！

嗚嗚……

睜眼

咦？你們在哭什麼？

嗯嗯

老公！

爸爸！

爺爺！

雖然阿斯克勒庇俄斯一直改變別人的命運，但這樣的做法卻不一定是件好事。

鬱悶

最近好像都沒有人來冥界了，好奇怪啊！

冥界之王
黑帝斯

在希臘神話中，蛇被視為健康的象徵，因此，名醫阿斯克勒庇俄斯高興的抓一隻大蛇，呈現弄蛇之姿。

成為蛇夫座的阿斯克勒庇俄斯，是太陽神阿波羅之子，年幼時失去母親，是半人馬凱隆養育他長大的。

去看一下人間的情況，回來向我報告！

是！

黑帝斯大王！

人間有個名叫阿斯克勒庇俄斯的醫生，他具有起死回生的能力，阻擋了人們到冥界來！

什麼？竟然有這種事？

我竟然不知道！

宙斯，你看！你居然放任那傢伙！

可是，人們看起來好像都很幸福啊！

不可以！再這樣下去，人間會人滿為患！

這倒是真的……

沒辦法了……

阿斯克勒庇俄斯的去世，連眾神也惋惜不已。

這麼優秀的醫生，至少讓他成為天上的星座吧！

就這樣，阿斯克勒庇俄斯成為蛇夫座。

海豚座・天箭座 狐狸座

天鵝座與天鷹座附近，有三個小型星座——海豚座、天箭座、狐狸座，會在夏季大三角一帶出現。

天津四

天鵝座

織女一

夏季大三角

狐狸座

◆晚間8點抵達頂點的日期
9月20日左右
◆發現難度
★★★
◆中天高度角
89度

◆晚間8點抵達頂點的日期
9月12日左右
◆中天高度角
83度
◆發現難度
★☆☆

海豚座

天箭座

狐狸座
天箭座
海豚座

◆晚間8點抵達頂點的日期
9月26日左右
◆中天高度角
77度
◆發現難度
★☆☆

河鼓二

天鷹座

南

探索時機 8月上旬晚間11點左右、9月上旬晚間9點左右的天空。

聽到琴音而來的海豚、抓到鵝的狐狸和一支箭

　　據說，曾有海豚聽到豎琴好手阿里翁的琴聲而趕來搭救他，後來就成為海豚座。至於狐狸座想呈現的，則是狐狸咬著獵物的意象。有人說天箭座是愛神厄洛斯的箭，也有人說是宙斯當時乘坐老鷹（天鷹座）時所攜帶的箭。這三個星座都出現在夏季大三角附近，其中海豚座與天箭座都是小型星座，形狀很容易辨識。

相關神話請見88頁 ▶

 見 追星 祕訣

✦ 海豚座

找出天鷹座河鼓二旁邊的小菱形。

- 位於銀河東側。
- 以四顆星形成的菱形為指標。

✦ 天箭座

找出天鷹座河鼓二旁邊的小型一字星。

- 天鵝座十字所在的天鵝座 β 與天鷹座河鼓二的正中央。
- 看起來像被壓扁的Y字形。

✦ 狐狸座

位置在天鵝座與天箭座之間。

- 星星的排列比較不容易辨識。

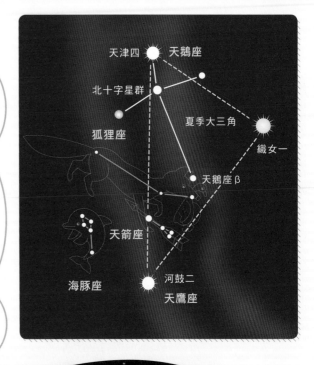

天津四　天鵝座
北十字星群
狐狸座
夏季大三角
織女一
天鵝座 β
天箭座
海豚座
河鼓二
天鷹座

⭐ 不容易辨識的狐狸座

17世紀才被判定出來的狐狸座，其實名稱與形狀沒有太大關係，只是因為附近有天鷹座與天鵝座，而咬著天鵝的狐狸似乎呼應狐狸咬著獵物的意象，所以取名為「狐狸座」。

嗯……一切都是想像啦！

救了豎琴好手的海豚

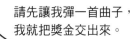

有 一次，希臘的音樂家聚在一起，舉辦一場大型的音樂競賽。遠近聞名的豎琴好手阿里翁在這場競賽中獲勝，他在領取獎金與獎品之後，搭上回國的船隻，卻發生了意外……

秋季星空

就亮度而言，這個季節裡沒有太多醒目星星，但因為空氣澄淨，肉眼比較容易辨識。

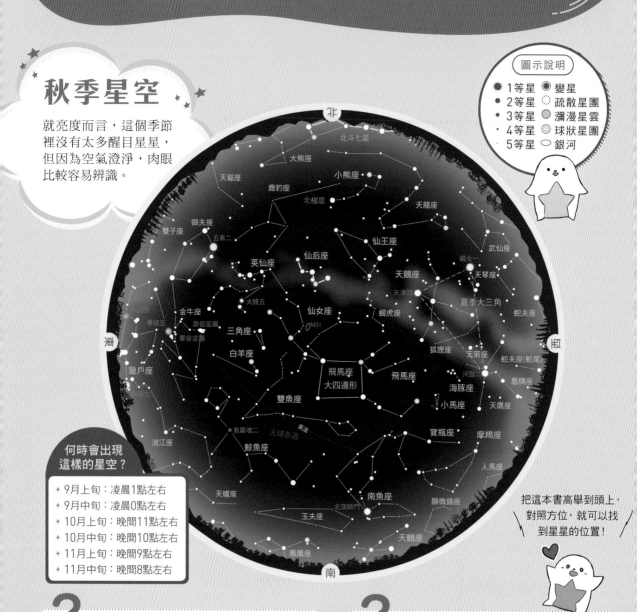

圖示說明
- ● 1等星
- ● 2等星
- ● 3等星
- ● 4等星
- ● 5等星
- ◉ 變星
- ○ 疏散星團
- ◎ 瀰漫星雲
- ◉ 球狀星團
- ○ 銀河

何時會出現這樣的星空？

+ 9月上旬：凌晨1點左右
+ 9月中旬：凌晨0點左右
+ 10月上旬：晚間11點左右
+ 10月中旬：晚間10點左右
+ 11月上旬：晚間9點左右
+ 11月中旬：晚間8點左右

把這本書高舉到頭上，對照方位，就可以找到星星的位置！

? 宇宙中有多少星星呢？

據說在我們所居住的銀河系，約有2000億個像太陽一樣會自體發光的恆星，而不會發光的星星，數量更多。據說宇宙中另有數千億個像銀河系這樣的星系，但確切的數量目前還不得而知。

? 地球與其他星星的距離有多遠？

「光」一秒鐘前進的距離大約是30萬公里，所以光前進一年的距離，被稱為「一光年」。舉例來說，除了太陽以外，離地球最近的恆星是半人馬座的星星，它與地球的距離是4.2光年。另外，地球與所能觀測到的最遠銀河之間的距離是130億光年。

秋季星座的追星祕訣

1 先找到北方天空
的「W」，再往它
的左右觀察。

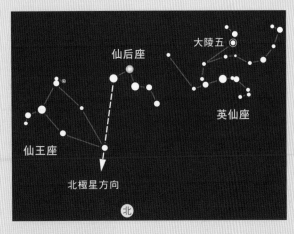

抬頭仰望北方天空吧！仙后座的「W」此
時的角度看起來像「M」，而它的東（右）
側，有排列成三列的星星，這是勇士變成的
英仙座。越過仙后座的另一端，在英仙座對
面的是排列成五角形的仙王座。靠近這個五
角形尖端的位置，是小熊座的尾巴，亦即北
極星的位置。

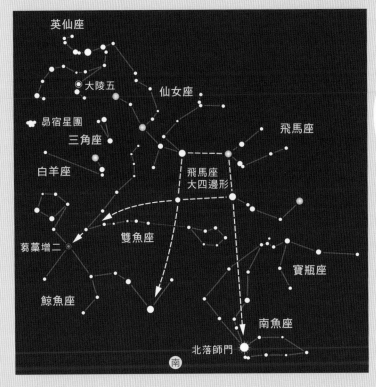

2 由飛馬座大四邊形
的每一邊延伸，都
可以找到星座喔！

抬頭仰望南方天空吧！能在
北方天空看見的英仙座，在
南方天空飛馬座大四邊形的
左上方也看得見。由此往下
找，可以看到三角座、白羊
座、雙魚座。四邊形的左下
方，可以看見鯨魚座；右下
方則是寶瓶座，而南邊閃閃
發亮的，是包含一等星「北
落師門」的南魚座。

仙后座

秋季夜晚抬頭仰望北方天空會發現，清淺的銀河裡，有五顆排列成「W」的明亮星星，就是仙后座。當它上升到北方天空高處時，「W」會倒過來，看起來變成M字形。

仙后座

天津四

天鵝座

仙王座

北極星

小熊座

仙后座

北

探索時機 11月上旬晚間9點左右、12月上旬晚間7點左右的天空。

✦ 晚間8點抵達頂點的日期
  12月2日左右

✦ 中天高度角
  北53度

✦ 發現難度
  ★☆☆

繞著北極星旋轉的王妃

仙后座代表古衣索比亞王國的卡西歐佩雅王妃，呈現她被綁在椅子上的姿態。據說卡西歐佩雅王妃因女兒的美貌而非常傲慢，所以被綁在椅子上以示懲罰。仙后座一天繞行北極星一圈，終年都可以見到。只是因季節與時間不同，有時候會上下顛倒，看起來像「M」。

相關神話請見98頁 ▶

見 追星 祕訣

✦ 仙后座

在北方天空中尋找排成「W」的星星。

- 仙后座與北斗七星之間夾著北極星。
- 當它升到天空高處時，看起來會變成「M」。

以仙后座為線索，找到北極星吧！

⊙ 北斗七星與仙后座

北斗七星與仙后座分別處在北極星兩邊的相對位置，就算有時候北斗七星位於略低處的天空，比如這個季節看不到北斗七星的臺北天空，還是可以從仙后座位置找到這顆北方的指標。

仙后座

5倍延伸

北極星

北

仙王座

在秋季的北方夜空中尋找，可以看到仙后座與西側的一個五角形並排著，那就是仙王座。仙王座位於北極星附近，一年四季都可以在北方天空中見到。

仙后座

天津四

造父一

仙王座

仙王座

10月上旬晚間9點左右、
11月上旬晚間7點左右的天空。

探索時機

北極星

⭐ 變星

明亮度會變化的星星，稱為「變星」。位在仙王座臉龐邊的造父一，就是一顆變星，它會進行規律性的膨脹收縮，亮度在3.5與4.5之間變化。

原來仙王座一整年都可以看到！

站在仙后座身旁的五角形之王

仙王座的五角形，很像一幢有尖屋頂的房子，而構成這五角形的五顆星，每一顆都又小又暗，最亮的星也不到2等，雖然終年可見，但是要找到它並不容易。仙王座呈現的是古衣索比亞國王克甫斯的姿態，旁邊是卡西歐佩雅王后姿態所形成的W字形仙后座。

相關神話請見98頁 ▶

 見 追星 祕訣

✦ 仙王座

找找看浮現在天鵝座的十字與仙后座的「W」之間的五角形。

- 位於天鵝座、北極星和仙后座之間。
- 終年可以在北方天空中見到它。

✦ 晚間8點抵達
頂點的日期
10月17日左右

✦ 中天高度角
北45度

✦ 特色星
造父一

✦ 發現難度
★★☆

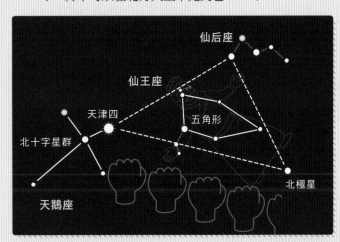

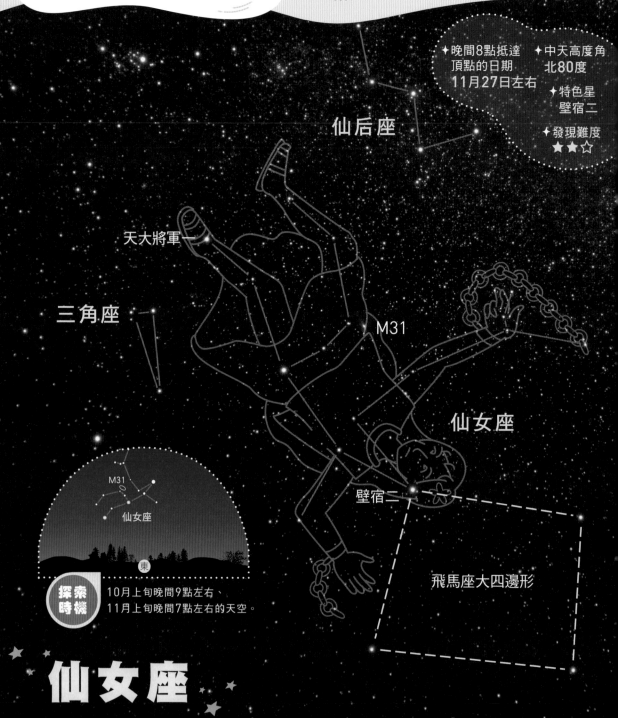

✦ 晚間8點抵達
頂點的日期
11月27日左右

✦ 中天高度角
北**80**度

✦ 特色星
壁宿二

✦ 發現難度
★★☆

仙后座

天大將軍一

三角座

M31

仙女座

壁宿二

飛馬座大四邊形

M31

仙女座

東

**探索
時機** 10月上旬晚間9點左右、
11月上旬晚間7點左右的天空。

仙女座

在秋季夜空的頭頂正上方,可以見到仙女座。再往北一點,
可以見到W字形的仙后座,同時也是仙女座的指標。

被鎖鍊囚禁的公主

這位公主就是古衣索比亞國王克甫斯與卡西歐佩雅王后的女兒安朵美達,當她受到海獸(鯨怪)攻擊的時候,勇士柏修斯救了她。仙女座便是呈現安朵美達被鎖鍊綁住的樣子。公主的頭頂連結飛馬座大四邊形東北角的壁宿二,並且以V字形朝東北方展開。

相關神話請見98頁 ▶

見 追星 祕訣

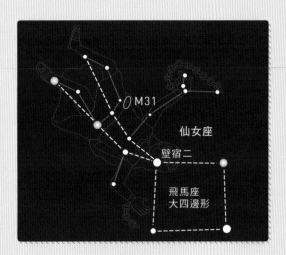

✦ 仙女座

以飛馬座大四邊形東北角的星為指標。

- 與飛馬座大四邊形東北角的壁宿二連結。
- 星星排成兩列,呈V字形展開。

⭐ 仙女座星系(M31星系)

「星系」指的是數千億顆星星的聚合體。安朵美達公主的腰部旁邊,可以隱約看見「仙女座星系」。我們身處的銀河系稱為「本銀河系」,仙女座星系約為本銀河系的3倍大,是一個呈旋渦狀的螺旋星系。

仙女座星系 M31

97

惹怒**海神**的卡西歐佩雅王后①

古 衣索比亞王國的國王克甫斯與王后卡西歐佩雅，生下一位名叫安朵美達的公主，出落得美麗動人。卡西歐佩雅王后很為女兒的美貌感到驕傲，常常說出狂妄的話。

可惡的卡西歐佩雅！

居然敢汙衊我可愛的女兒們！

看我怎麼懲罰你！

海神波塞頓派出提阿瑪特，前往卡西歐佩雅王后一家居住的海岸。

哇──啊

海獸提阿瑪特是很可怕的鯨怪，牠只要一張口，海面就湧起滔天巨浪，把很多人都捲到海裡去。

海神波塞頓！

你為什麼做這種事？快停下！

克甫斯，因為你的妻子嘲笑我可愛的女兒們！

嘶吼……

是啊是啊

！

如果你要請求我的原諒，就把你女兒獻祭給鯨怪吧！

咦？

我們把安朵美達公主帶到海岸邊吧！

什麼？等一下！

咻

安朵美達！

沙沙

於是可憐的安朵美達被帶到海岸邊，鎖在岩石上。

99

惹怒海神的卡西歐佩雅王后 ②

登場人物

★安朵美達

克甫斯國王與卡西歐佩雅王后的女兒。

★柏修斯

天神宙斯與人類女孩達娜厄的兒子。勇敢的青年。

我很快就會被鯨怪吃掉，一命嗚呼了。

吼吼 吼吼 吼

嘎……

你這隻怪物！不許撒野！

嘶嗞

女孩，你有沒有受傷？

嗯……

嗯……

有王子來救我了？

嘶

受死吧！

可是……

他手裡拿的東西好怪……

喀

…！

咕嚕 咕嚕 咕嚕

果然是王子的風範！

公主，沒事了。

謝謝您！請教您的大名？

我叫柏修斯。

安朵美達與柏修斯一起回到皇宮。

安朵美達！你平安無事，真是太好了！

爸爸！

後來，克甫斯國王將柏修斯封為國之英雄，並且將女兒安朵美達嫁給他。

101

仙座

天空，抬頭仰望，先找到仙
部，往下看就可以發現秋季
著明亮星星形狀的英仙座。

仙后座

雙星團

英仙座

大陵五

仙女座

昴宿星團

五是亮度會變化
星，有點像「魔
眼睛」吔……

⊙ 英仙座流星群

每年的特定時間，流星從特定星座的方向往四面八方飛散，
此現象稱為「流星群」。每年8月上旬至中旬，可以看見英仙
座流星群，8月12～13日是高峰期，就算在都市裡也看得到
明亮的流星，有時候1小時可以看見50顆以上。

✦晚間8點抵達
頂點的日期
1月6日左右

✦中天高度角　✦特色星
北70度　　　大陵五
　　　　　　雙星團

✦發現難度
★★☆

砍下蛇妖梅杜莎的頭、 打敗鯨怪的勇士

英仙座呈現的姿態，是柏修斯打敗蛇妖梅杜莎之後，一手提梅杜莎首級、一手持利劍的模樣。

明亮的星星排成三列，形成英仙座的曲線。在柏修斯的劍柄部分，有一道光亮，可以看得見由許多星星組成的兩個星團，就是所謂的「雙星團」。

相關神話請見104頁 ▶

 見 追星 祕訣

✦ 英仙座

在仙后座、昴宿星團、御夫座的五車二之間尋找。

● 位於秋季淡色的銀河之中。
● 三列星星排成的曲線。

英仙座

北

探索
時機
12月上旬晚間10點左右、1月上旬晚間8點左右的天空。

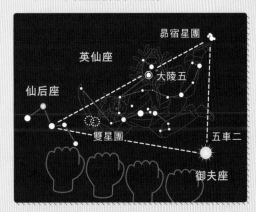

昴宿星團

英仙座

大陵五

仙后座

雙星團

五車二

御夫座

打敗梅杜莎的英雄

有一天，島上國王舉辦生日宴，前去赴宴的眾人都帶上禮物為國王祝賀。

什麼？柏修斯你什麼禮物都沒帶？

不好意思，

我很窮，所以沒辦法送禮物給國王。

柏修斯，你可真勇敢啊！

你可以拿梅杜莎的首級當作我的生日禮物喔！

繃

既然您這麼說，那我去取回來！

呵！這傢伙應該沒辦法活著回來了。

為什麼他這麼想要梅杜莎的首級呢？

梅杜莎是有名的蛇妖，據說任何人只要和她對視，都會嚇得變成石頭。

吼 吼 吼 吼 吼 吼 吼 吼

要怎麼戰勝這隻蛇妖呢？

柏修斯！

如果要打敗梅杜莎，請帶上這個。

雅典娜女神？荷米斯大神？

這個也請帶著喔！

好多裝備啊！

這些可以幫助你打敗梅杜莎！

加油！

謝謝你們……

全副武裝

後來，柏修斯在回國途中遇到被鯨怪攻擊的安朵美達公主，他用梅杜莎的首級當武器，打

阿 克里西俄斯王，曾經聽到神預言道：「你將會被你的孫子殺死。」在恐懼之下，他把自己的外孫——女兒達娜厄的兒子——柏修斯放入木箱，拋到海中。柏修斯乘著木箱漂流到某個島上，長成一個強健的男子。

咻

這雙鞋子真是

太厲害了！

柏修斯穿上長著翅膀的鞋子後，一瞬間就抵達梅杜莎居住的島上。

嘎

！！！

出來吧！梅杜莎！

用這個盾牌擋住，就不必擔心會看見梅杜莎的眼睛了！

沙

沒看到……沒看到……

嚦

咔

趁現在！

呀啊！

沙

咻

啪 沙

咦？

啪

啊啊啊啊啊

沾了血的岩石，怎麼生出一匹飛馬？

於是取下梅杜莎首級的柏修斯，就騎著飛馬回家。

你可以帶我回去嗎？

飛馬座
小馬座

秋季夜晚，頭頂上方可以見到被稱為「飛馬座大四邊形」的四顆星星，就是飛馬座身體的部分。而在飛馬座的西側，可以看到他的弟弟「小馬座」。

✦晚間8點抵達
頂點的日期
10月5日左右

✦中天高度角
72度

✦發現難度
★★☆

小馬座

飛馬座大四邊形

飛馬座

✦晚間8點抵達
頂點的日期
10月25日左右

✦中天高度角
84度

✦特色星
飛馬座大四邊形

✦發現難度
★★☆

小馬座

飛馬座

東

探索時機 9月上旬晚間8點半左右、10月上旬傍晚6點半左右的天空。

飛馬座大四邊形就是
飛馬座的身體部分喔！

一起上下顛倒的飛馬兄弟檔

柏修斯打敗怪物梅杜莎時，梅杜莎的血落在岩石上，然後飛馬就從岩石裡飛了出來！據說飛馬座與小馬座是兄弟，朝著南方天空望去，可以看到不論是飛馬座或小馬座，都呈現上下顛倒的奔馳姿態。

飛馬座的身體部分，是四顆星星排列而成的「飛馬座大四邊形」，也被稱為「秋季大四角」，是觀察尋覓秋季星座時的重要指標。

相關神話請見108頁 ▶

見 追星 祕訣

✦飛馬座

以頭頂上方排列成近似正方形的飛馬座大四邊形為指標。

● 找到亮度相同的四顆星。
● 從夏季大三角可以追蹤得到。

✦小馬座

往飛馬座的西側尋找。

● 找到飛馬座的鼻尖。
● 在飛馬座的西側。

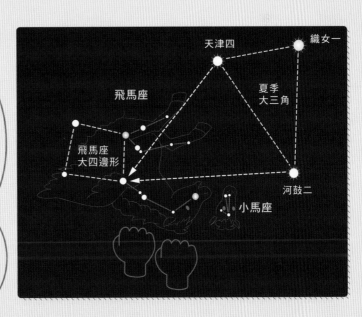

飛天的白馬

百姓有麻煩了！

我要去打敗怪物喀邁拉！

王子！你真的要去嗎？

敵人是非常可怕的怪物！

牠的頭是獅子、身體是山羊、尾巴是蛇，

而且還會噴火咘！

出發前一夜，貝勒羅豐作了一個夢。

請到泉水旁。

這裡面有一副馬轡，只要你抓住它，就可以自由操控你想操控的東西。

出發的早晨

我出發了！

王子請小心！

對了，昨晚的夢……

好吧！我先去泉水邊看看！

轉身

貝勒羅豐遵照雅典娜女神的指示，來到泉水邊。

啪啦

在這場戰役中，貝勒羅豐把自己繫在飛馬上飛往天界。但是飛馬的速度過快，導致貝勒羅

希 臘科林斯城有一位名叫貝勒羅豐的王子，是一位非常勇敢的年輕人。某天，貝勒羅豐接到一封來自利西亞國王艾奧巴特斯的信，希望有人能打敗在他國家作亂的怪物喀邁拉。

雙魚座 12星座

飛馬座大四邊形東南角那顆星的前端，可以看到一個形狀像被壓扁的「く」的星座，那就是雙魚座。

飛馬座大四邊形

三角座

白羊座

雙魚座

蒭藁增二
鯨魚座

雙魚座

南

探索時機 11月上旬晚間10點半左右、
12月上旬晚間8點半左右的天空。

110

用緞帶綁在一起的兩條母子魚

雙魚座的特徵就是呈現一個大「V」的形狀。據說愛神阿芙蘿黛蒂與兒子厄洛斯，為了逃離怪物，化身成魚，「V」代表將母子綁在一起的緞帶；但也有一說是「V」代表幼發拉底河與底格里斯河。雖然這個星座都是較暗的星星，但移轉到較黯淡的夜空時，還是看得見喔！

相關神話請見112頁 ▶

 見 追星 祕訣

✦ 雙魚座

飛馬座大四邊形的東南方，有個大V字形。

● 由一顆一顆的小星星連在一起。
● 鯨魚座的變星蒭藁增二在明亮的時候，就變成明顯的指標。

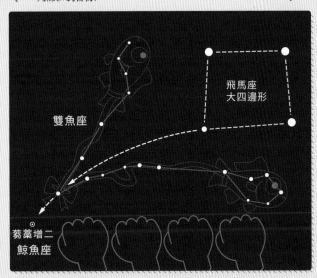

飛馬座
大四邊形

雙魚座

蒭藁增二
鯨魚座

✦ 晚間8點抵達
頂點的日期
11月22日左右

✦ 中天高度角
78度

✦ 發現難度
★★☆

變成魚的母子

掌 管愛與美的女神阿芙蘿黛蒂，有一個名叫厄洛斯的兒子，母子倆的感情非常好。某日，當兩人在河岸邊散步時，怪物「堤豐」突然出現。

砰

憑空消失

沙啪

......

厄洛斯，我們成功逃脫囉！

嗯！我要和媽媽永遠在一起喔！

阿芙蘿黛蒂……
厄洛斯………

親子間的親密情感真是太美好了！

雅典娜女神被這對以緞帶繫在一起的母子深深感動，於是把這對母子變成雙魚座。

白羊座 ♈ 12星座 · 三角座

抬頭看看秋季夜晚的天空，往雙魚座略高一點的
位置尋找，可以看見白羊座。

昴宿星團

三角座

仙女座

♦ 晚間8點抵達
頂點的日期
12月17日左右

♦ 中天高度角
北84度

♦ 發現難度
★☆☆

婁宿二

白羊座

飛馬座
大四邊形

♦ 晚間8點抵達
頂點的日期
12月25日左右

♦ 中天高度角
85度

♦ 發現難度
★★☆

三角座與白羊座都
是很小的星座喔！

回頭望著星團的羊和牠頭上的等腰三角形

白羊座是一隻呈現飛翔狀態的金色小羊,整個星座看起來像個左右相反的「く」,彎勾的部分就是羊頭。白羊座的東邊,可以看到冬季星座金牛座的昴宿星團,白羊座的身體延伸到昴宿星團附近,彷彿回望著昴宿星團。而白羊座的北邊(上方),有三顆星星形成的等腰三角形,就是三角座。

相關神話請見116頁 ▶

見 追星 祕訣

✦ 白羊座

找找看三角座的南側,一個左右相反的「く」。
- 從飛馬座大四邊形可以追蹤到它。
- 它的東側是昴宿星團。

✦ 三角座

找到白羊座頭頂正上方的等腰三角形。
- 仙女座的正南方。
- 南邊(下方)是白羊座。

三角座
白羊座
南

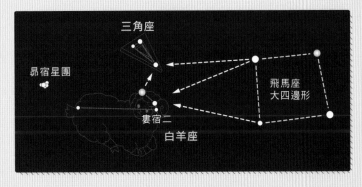

三角座
昴宿星團
飛馬座大四邊形
婁宿二
白羊座

探索時機 11月上旬晚間11點左右、12月上旬晚間9點左右的天空。

救了王子與公主的黃金羊

我家小孩真是好孩子！
想想前任王后的那兩個小孩……

哼！真希望那兩個小孩消失……

那一年，希臘色薩利城的收成並不好。

其實，這都是因為新王后伊諾把煮過的種子交給農民種植。

這個時候，使者來傳達神的旨意。
阿薩瑪斯國王，你必須把菲力克斯與赫勒奉獻給天神宙斯！
這樣才能避免飢荒再度發生。
什麼！要奉獻出我的孩子？

其實這是一個捏造的神諭，使者是受新王后伊諾的唆使而來。
嘰哩
回想
咕嚕
!?
什麼？

這一切正好被宙斯撞見了。
好，我會去傳達！

黃金羊啊！
你去救那兩個孩子吧！
明白！我這就去！

色 薩利國王阿薩瑪斯與第一任妻子育有兩個孩子，阿薩瑪斯和第一任妻子離異後，又娶了一個名叫伊諾的新王后，之後，阿薩瑪斯與新王后也有了孩子。

快把那兩個孩子交出去吧！

等一下……

咿？

哥哥！

救命！

居然飛到這麼高的地方！

嘩啦！

赫勒！

別擔心！海神會守護赫勒公主。

海神？

抵達科爾基斯國的菲力克斯王子，受到國王的熱烈歡迎。

您從天上來，真是太神奇了！

您就安心待在我的國家吧！

啊！

初次見面，請多指教。

這隻黃金羊太珍貴了！

我要把牠的毛皮當成國寶。

王子與科爾基斯國的公主結婚，過著幸福快樂的日子。

黃金羊的毛皮，長久以來一直被當作國寶珍惜著。

登場人物

◆ 伊諾
阿薩瑪斯國王的第二任妻子。壞心眼的女人。

◆ 宙斯
希臘神話中的眾神之王。可以從天界派遣使者傳令。

◆ 菲力克斯
阿薩瑪斯國王與第一任妻子所生的兒子。

◆ 赫勒
阿薩瑪斯國王與第一任妻子所生的女兒。

 落入海中的赫勒公主被海神波塞頓解救之後，過著幸福快樂的日子。據說，被當作科爾基斯國寶的黃金羊毛皮，後來被搭乘阿爾戈號船的眾英雄取得。

鯨魚座

如果把目光從白羊座往南移，就可以看見鯨魚座的巨大身影。

雙魚座

✦晚間8點抵達
頂點的日期
12月13日左右

✦中天高度角
58度

✦特色星
蒭藁增二

✦發現難度
★★☆

蒭藁增二

🌟 蒭藁增二

位於鯨魚座心臟位置的變星，以332日的變光周期在2等星到10等星之間變化，當它比6等星暗的時候，肉眼是看不見的。之所以會有這麼大的亮度變化，是因為星星老化後會變得不穩定，亮度會像氣球一樣脹縮而發生大幅度變化。

鯨魚座

明亮時期的
蒭藁增二

黯淡時期的
蒭藁增二

飛馬座大四邊形

心臟泛著
紅光的鯨怪

窟藁增二
鯨魚座

月上旬晚間9點半左
、12月上旬晚間7點
左右的天空。

鯨魚座展現的姿態，是在海裡作亂、攻擊安朵美達公主的鯨怪提阿瑪特。

鯨魚座沒有明亮的星，但如果把星星連結起來，可以看出五角形的頭部、前腳、尾巴末端。鯨怪的心臟部分是紅色的變星窟藁增二，因為亮度變化的緣故，有時候看得見，有時候看不見。

見 追星 祕訣

✦鯨魚座

以心臟部位的紅色變星窟藁增二為指標。

●從飛馬座大四邊形可以追蹤到雙魚座。
●從變星窟藁增二往東西延伸，可以看到並列的小星星。

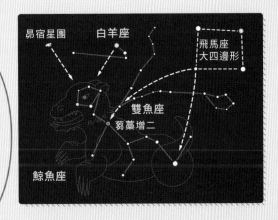

昴宿星團　　白羊座　　　　飛馬座
大四邊形

雙魚座
窟藁增二

鯨魚座

寶瓶座 南魚座

12星座 ♒

小馬座

飛馬座大四邊形的南邊，就是一片廣大而黯淡的寶瓶座。寶瓶座裡沒有明亮的星星，於是在它南邊的南魚座一等星「北落師門」就成為辨識的指標。

寶瓶座

✦晚間8點抵達
頂點的日期
10月22日左右

✦中天高度角　✦發現難度
52度　　　★★☆

✦晚間8點抵達
頂點的日期
10月17日左右

✦中天高度角　✦特色星
34度　　　北落師門

✦發現難度
★★☆

南魚座

📍 北落師門

南魚座的一等星，「北落師門」在阿拉伯語中有「魚的嘴巴」之意。因為它在秋季的南方天空閃閃發亮，也被稱為「南方一顆星」。

北落師門

海豚座

天鷹座

河鼓二

寶瓶座
南魚座
北落師門
南

10月上旬晚間9點半左右、
11月上旬晚間7點半左右的天空。

手持水瓶的美少年和嘴巴閃閃發光的魚兒

寶瓶座的姿態,是手持大水瓶的美少年蓋尼米德。南魚座的模樣,則是一條魚張嘴接住從水瓶流出來的水。

寶瓶座完全沒有明亮的星星,只能仔細觀察這些黯淡的星星,看出水瓶部分有一個小Y字形。南魚座的嘴巴位置,可以看到閃亮的一等星北落師門。

相關神話請見122頁 ▶

見 追星 祕訣

✦ 寶瓶座

以南方天空的Y字形與北落師門為指標。
● 飛馬座大四邊形的對角線延伸出去,可找到一個小Y字形。
● 把Y字形與北落師門連在一起。

✦ 南魚座

以南方天空低處閃爍著藍白光的北落師門為指標。
● 北落師門是秋季星座中唯一的一等星。
● 從飛馬座大四邊形往南方延伸,就可以找到北落師門,是南魚座最亮的星。

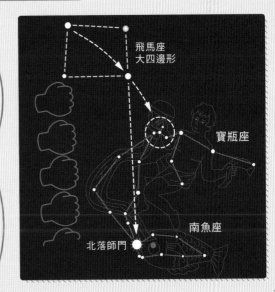

飛馬座
大四邊形

寶瓶座

南魚座

北落師門

被老鷹抓走的少年

特洛伊的艾達山，有一位容貌出眾的牧羊少年，名叫蓋尼米德。天神宙斯一見到這名美少年，就想讓他到自己的身邊服侍，於是決定把他帶到奧林帕斯山的宮殿。

你想不想留在這裡為我工作？

不……我不想待在這裡……

你想好好照顧父母，這種心情我很了解……

蓋尼米德

我要和爸爸媽媽，還有那群羊在一起。

我送給你父母這匹馬作為報酬吧！

牠可以像風一樣飛馳喔！

而你會保持永遠年輕俊美。

這樣可以嗎？

……

搖頭　搖頭

那麼，我把你的樣子變成夜空裡的星座吧！

如果你的父母想念你，他們可以仰望星空，就不會覺得悲傷了。

我明白了，既然這樣，我就答應你吧！

於是蓋尼米德手持水瓶的姿態，就成為夜空中閃耀的星座。

★ 宙斯變身而成的這隻老鷹，後來成為夏季星座的天鷹座。

河鼓二

天鷹座

摩羯座

12星座

秋季夜晚，仰望寶瓶座的西南方，可以隱約看見排列成倒三角形的星星，這就是摩羯座。

摩羯座

寶瓶座

南魚座

北落師門

✦晚間8點抵達　✦中天高度角
頂點的日期　47度
9月30日左右

✦發現難度
★★☆

124

沒有成功變身成魚的山羊

摩羯座外表是山羊頭加魚尾這種不可思議的樣貌。據說這是牧神潘被怪物堤豐驚嚇時,慌慌張張變成的模樣。

把小星星們連在一起,可以看到一個稍微變形的三角形,這就是摩羯座的特徵。摩羯座的尾巴位置看起來很像與寶瓶座重疊,往東南方可以看見南魚座。

相關神話請見126頁 ▶

倒三角形看起來很像開口笑的嘴巴吧!

見 追星 祕訣

✦ 摩羯座

在南方天空尋找隱約可見的倒三角形。

- 從飛馬座大四邊形與夏季大三角可以追蹤到它。
- 觀察北落師門的西側。

南斗六星

摩羯座

探索時機　9月上旬晚間9點半左右、10月上旬晚間7點半左右的天空。

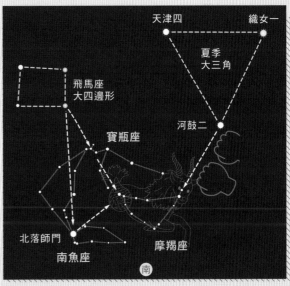

天津四　織女一
夏季大三角
飛馬座大四邊形
河鼓二
寶瓶座
北落師門
南魚座
摩羯座
南

125

逃得太慢的醉漢

潘的笛子吹的真好！

嘿嘿，這很簡單啦！

我可以教你們吹笛子。

我們去河邊喝酒吧！

一起去吧！

好喔！

一群人來到尼羅河畔。開始了愉快的宴會。

哇哈

哇哈

沙——

嘩砰

小心後面！危險！

唰啪

吼——

牧

神潘據說是上半身為人、下半身為山羊的模樣，他喜歡玩樂，每天日落之後，都會與精靈們一起唱歌跳舞，享樂度日。

嗚哇哇……

砰

嗯？

怎麼啦？

搖晃

搖晃

結果，潘喝得太醉，逃跑的速度比別人慢。

咦？

吼！

嗚……

嗚哇！

啪啦

砰

好不容易脫逃了……

呼……

！

潘！你怎麼變成這樣！

咦？真的嗎？

怎麼會下半身是魚，上半身是山羊？

我本來想變成魚的！

宙斯覺得潘這個奇妙的樣子很有趣，所以就把他變成星座。

呵呵……你太慌張了吧？

南魚座

北落師門

天鶴座

找到南魚座的一等星北落師門，把目光
從這顆星的位置移到南方地平線附近，
就可以看到展開翅膀的美麗白鶴。

天鶴座

鶴一

鳳凰座

✦晚間8點抵達
頂點的日期
10月22日左右

✦中天高度角   ✦發現難度
18度   ★★☆

天鶴座

南

探索
時機

10月上旬晚間9點左右、
11月上旬晚間7點左右的天空。

水委一

伸長脖子仰望魚兒的白鶴

天鶴座是西元1603年由德國的星圖繪製師約翰・拜耳（Johann Bayer）命名的新星座。

南方地平線上呈東西向並排的兩顆明亮星星，就是天鶴座的指標。另外，從它的長頸往足部的方向，也排列著星星。由於位置靠近地平線，所以在高緯度區域觀星，天鶴的足部有可能隱沒在地平線以下。

 追星 祕訣

◆ 天鶴座
在北落師門的南方、地平線附近找找看。
● 兩顆明亮的星星呈東西向排列。
● 找找看南方天空視野開闊之處。

看不見，好可惜啊！

南魚座

北落師門

天鶴座

鶴一

南

⭐ 鶴一

鶴一的原文「Alnair」來自阿拉伯語，有「閃亮之物」的意思。它閃爍著藍白色光芒，位於天鶴座西側的翅膀位置，靠近地平線的低處，所以高緯度地區看不到這顆星。

玉夫座 鳳凰座

位於天鶴座東側的暗色星座，就是玉夫座。在玉夫座南邊的地平線附近，可以見到鳳凰座。

北落師門

玉夫座

✦ 晚間8點抵達
頂點的日期
11月25日左右

✦ 中天高度角
33度

✦ 發現難度
★★★

鳳凰座

水委一

玉夫座
鳳凰座
南

探索時機　11月上旬晚間9點半左右、12月上旬晚間7點半左右的天空。

✦ 晚間8點抵達
頂點的日期
12月2日左右

✦ 中天高度角　✦ 發現難度
16度　　　 ★★☆

130

雕刻家的工作室和仰望著它的鳳凰

鶴一

天鶴座

玉夫座的姿態是雕刻家的工作室；鳳凰座則是一隻展開翅膀的不死鳥。在某些區域，鳳凰座的下半部可能會隱沒在地平線以下，有時候可能連上半身也看不到。玉夫座由法國天文學家拉卡伊（Nicolas-Louis de Lacaille）命名，鳳凰座由德國天文學家約翰·拜耳（Johann Bayer）命名，都是比較新的星座。

見 追星 祕訣

✦ 玉夫座

找找看南方天空的低處、北落師門的東側。

●就在北落師門與鯨魚座、鳳凰座之間。
●沒有明亮的星星，不容易看見。

✦ 鳳凰座

找找看鯨魚座的土司空南側、地平線附近。

●從鯨魚座的二等星土司空與南魚座的北落師門，可以追蹤到鳳凰座。

鳳凰是傳說中擁有不死之身的鳥喔！

131

冬季星空

這是一年之中最閃閃發亮的星空，有許多明亮的星星點綴著夜空。

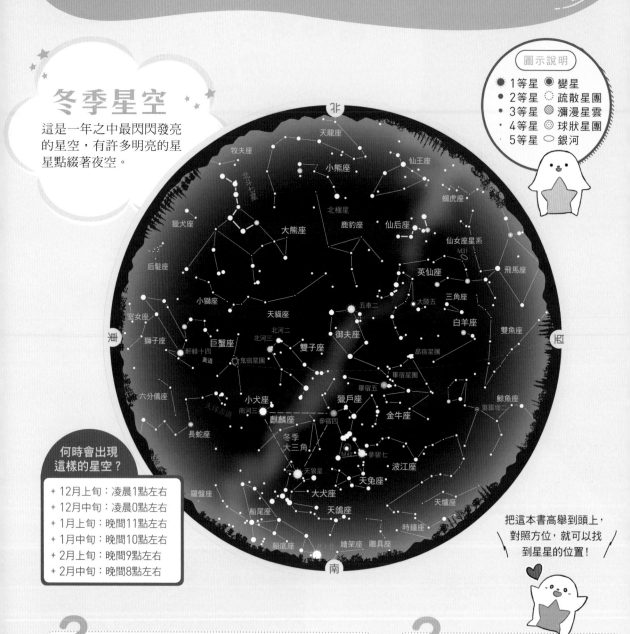

圖示說明
- ● 1等星　◉ 變星
- ● 2等星　○ 疏散星團
- ・ 3等星　◍ 瀰漫星雲
- ・ 4等星　◉ 球狀星團
- ・ 5等星　◯ 銀河

何時會出現這樣的星空？

- ✦ 12月上旬：凌晨1點左右
- ✦ 12月中旬：凌晨0點左右
- ✦ 1月上旬：晚間11點左右
- ✦ 1月中旬：晚間10點左右
- ✦ 2月上旬：晚間9點左右
- ✦ 2月中旬：晚間8點左右

把這本書高舉到頭上，對照方位，就可以找到星星的位置！

? 為什麼星星會有不同的顏色？

看起來明亮的星星，都是像太陽一樣會自己發光的恆星。恆星的顏色之所以不同，是因為星體表面的溫度不同。紅色的星星溫度略低，約3000度左右；黃色的星星約6000度，太陽就是其中一個；藍白色的星星大多超過10000度。

? 星星有多大？

太陽的直徑是地球直徑的109倍，不過它仍屬於中等大小的星星。舉例來說，獵戶座的參宿四，直徑是太陽的800～1000倍。

冬季星座的追星祕訣

步驟

找到最亮的天狼星

在南方天空不高也不低的位置,有一顆很亮的星,就是天狼星。它散發著白色光芒,亮度相當於一般一等星的7倍以上。

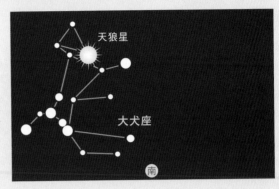

2 以天狼星為指標,可以看見冬季大三角

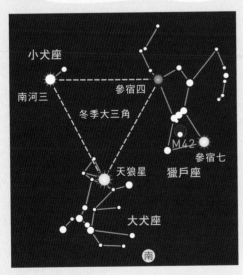

天狼星的右上方有一顆閃爍著紅光的明亮星星,就是獵戶座的參宿四。天狼星的左上方是閃爍著白色光芒的小犬座南河三。把這三顆星連在一起所形成的倒三角形,就是「冬季大三角」。

3 把六個一等星連結起來,找到冬季大六角形

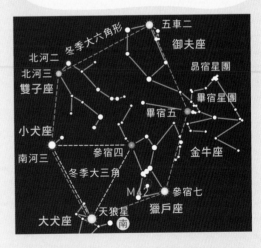

獵戶座參宿七的右上方有一顆紅色的星星,是金牛座的畢宿五。從這裡往天空高處看,有一顆顯眼的明亮星星,就是御夫座的五車二。五車二左下方有兩顆並排的星星,就是雙子座,比較亮的那顆是北河三。它的正下方是小犬座的南河三。南河三前端下方,就是閃爍著白光的天狼星。把這六顆星星依序連結起來,就是「冬季大六角形」。

獵戶座

抬頭仰望冬季夜空,可以看見三顆星星排成斜斜的一列,這是獵戶座的重要特徵。

在這三顆星的北邊閃閃發亮的參宿四,是構成冬季大三角的其中一顆星。

畢宿星團

畢宿五

小犬座

南河三

參宿四

冬季大三角

M42

參宿七

獵戶座

天狼星

大犬座

📍 獵戶座大星雲M42

如果仔細觀察,會看到獵戶座腰部那把劍的尖端下方,有三顆排成一條斜線的星星,這附近就是獵戶座大星雲M42。這個氣體星雲,樣子就像一隻展翅的鳥。如果用望遠鏡觀察,可以更清楚看見這個美麗的星雲。

昂宿星團

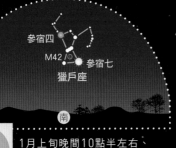

✦ 晚間8點抵達　✦ 中天高度角
頂點的日期　　　68度
2月5日左右

✦ 特色星
參宿七、參宿四

✦ 發現難度
★☆☆

參宿四
M42
參宿七
獵戶座

南

探索時機　1月上旬晚間10點半左右、
2月上旬晚間8點半左右的天空。

見 追星 祕訣

✦ 獵戶座

在南方天空尋找排成一條斜線
的三顆星星。

● 注意排成一列的三顆星。
● 包含參宿七與參宿四的縱長四角形。

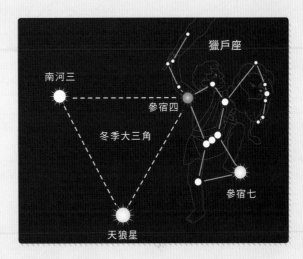

南河三
獵戶座
參宿四
冬季大三角
參宿七
天狼星

腰間閃爍著三顆星的獵人

　　獵戶座描繪的是巨人族獵人奧
里翁的姿態，據說是所有星座中形
態最完整的。由星星排列而成的縱
長四邊形中央，有三顆閃亮的星星
排成一列，正好在巨人奧里翁的腰
間形成一條斜線。右肩位置是紅色
星星參宿四，左腳位置是白色的一
等星參宿七。

相關神話請見136頁 ▶

女神迷戀的獵人

奧里翁，今天也要一起去打獵嗎？

當然囉！阿蒂蜜絲女神！

他們兩人又在一起了？

她從來沒有對我展露那種笑容啊！

阿蒂蜜絲女神與奧里翁絕對是兩情相悅！

我就知道！他倆好相配！

咦？是這樣嗎？

沒這種事啦！

嘰哩呱啦

呃……

可惡！奧里翁這小子！我要跟著你們去打獵！

某日，太陽神阿波羅指著海面說話了。

你的箭有辦法射到那邊的光亮處嗎？

奧里翁對蠍子感到很困擾，因為他曾被夏季星座登場的那隻大蠍子攻擊，所以，當天蠍座開始升至東方天空時，獵戶座就從西邊天空落下，看起來就像是奧里翁想要逃離蠍子。

獵人奧里翁因為狩獵技術高超，常常伴隨著月亮與狩獵女神阿蒂蜜絲去打獵。容貌俊美的奧里翁，是阿蒂蜜絲女神心儀的對象。

好！看我的！

妹妹，你不曉得那是我派去的奧里翁……

那小子死定了！

隔天早晨，被箭射中的奧里翁，被海浪打回岸邊。

沙沙……

奧里翁！你怎麼會在這裡？

這是我的箭……

難道我昨天射中的是你？

阿蒂蜜絲女神，你做了什麼事？

嗚嗚嗚嗚

都是我的錯……

難道我做得太過分了？

宙斯大人，求求您！

在月之女神阿蒂蜜絲的請求下，奧里翁變成星座。或許當月亮經過獵戶座的旁邊時，他們正在訴說著愛的絮語喔！

金牛座 12星座 ♉

金牛座位在南方天空中，獵戶座的西側。這個星座包括許多小星星匯聚而成的昴宿星團和紅色星星畢宿五。

✦晚間8點抵達
頂點的日期
1月24日左右

✦中天高度角
80度

✦特色星
畢宿五

✦發現難度
★☆☆

昴宿星團

畢宿五　畢宿星團

獵戶座

參宿四

金牛座

下半身隱藏起來的金牛

愛戀歐羅巴公主的宙斯變身成白色公牛，牠渡海的姿態，就是金牛座的形態。

冬季夜空中，閃耀的星星排列成「V」，代表金牛的兩支大牛角。火紅色的牛眼是閃爍著紅色光芒的一等星畢宿五，牛肩部分是昴宿星團，臉部則是畢宿星團。

相關神話請見140頁 ▶

見 追星 祕訣

✦金牛座

以獵戶座西邊閃耀的兩個星團為明顯指標。

- 牛肩部分是昴宿星團。
- 牛的臉部是V字形的畢宿星團。
- 紅色的一等星畢宿五附近就是畢宿星團。

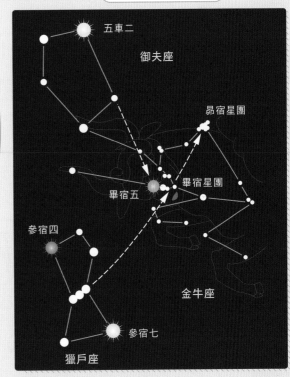

五車二
御夫座
昴宿星團
畢宿五
畢宿星團
參宿四
金牛座
參宿七
獵戶座

昴宿星團
畢宿星團
金牛座
畢宿五
東

探索時機 11月上旬晚間9點半、12月上旬晚間7點半左右的天空。

⭐昴宿星團

冬季夜空裡，頭上有6、7顆星星聚在一起的地方，就是昴宿星團。它是一個位於金牛座牛肩部位的星團，簡稱「昴星團」。

變成牛的宙斯

當時歐羅巴（Europa）公主騎著牛降落在一片陸地，後來那片陸地被稱為
「歐洲（Europe）」，據說這就是歐洲名稱的由來。

歐 羅巴公主是一個非常美麗的女孩。某日，歐羅巴公主與朋友在海邊的牧場裡摘採花草……

可以騎嗎？

真開心！這是我第一次騎牛！

呀！

怎麼回事？你要去哪裡？

我想要娶你為妻！

我變成牛，就是為了與你見面！

哎唷！你真是的！

後來，兩人就停留在克里特島結婚了。

小犬座

參宿四

南河三

冬季大三角

獵戶座

✦ 晚間8點抵達
頂點的日期
2月26日左右

✦ 中天高度角
43度

✦ 特色星
天狼星

✦ 發現難度
★☆☆

參宿七

天狼星

大犬座

天狼星

大犬座

南

探索時機

2月上旬晚間9點半左右、
3月上旬晚間7點半左右的天空。

大犬座

在獵戶座東南方閃耀著明亮光芒的就是大犬座的一等星天狼星。天狼星是構成冬季大三角的其中一顆星。

嘴巴閃耀星光、威風凜凜的獵犬

變成星星之後，
也很閃亮呢！

雷拉普斯……

大犬座呈現獵人克法洛斯的獵犬姿態，據說牠是月亮與狩獵女神阿蒂蜜絲的侍女普洛克里斯所養的狗。

閃耀著藍白光芒的一等星天狼星，就位於大犬座的嘴部，看起來像是獵犬正咬著天狼星。天狼星往南一點的地方，有三顆閃亮的星星排列成「ㄟ」形，呈現獵犬腰部到尾巴的部分。

相關神話請見144頁 ▶

 追星祕訣

✦大犬座

先找到南方天空中的天狼星。

●天狼星是冬季大三角之一。
●獵戶座的東南方，可以看到一隻大狗的形狀。

白色的天狼星很容易看見喔！

📍 天狼星

在大犬座的嘴旁閃閃發亮的，是一等星天狼星。據說天狼星的英文「Sirius」，在古希臘語有「燒焦的東西」之意，也是天狼星名稱的由來，而它果然也是所有星座中最亮的星星。由於離地球很近，所以可以清楚看見它的白色星光。

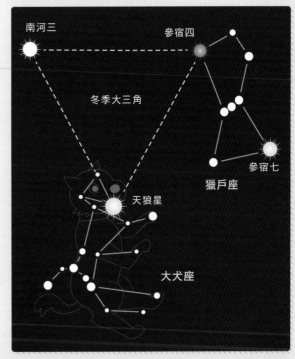

南河三　參宿四
冬季大三角
天狼星
參宿七
獵戶座
大犬座

143

擊退狐狸的名犬

有一段時間，狐狸在國內各地作亂，很多家畜都被攻擊。

又是狐狸做的好事啊！

只有名犬雷拉普斯才能追上跑得很快的狐狸。

雷拉普斯是獵人克法洛斯家裡養的名犬，奔跑的速度很快。

雷拉普斯是世界第一！

這就是為什麼……

原來如此，這麼說的話……

雷拉普斯，去把狐狸捉回來！

OK!

就拜託你啦！

大犬座與小犬座的由來有很多說法，據說也有可能是指獵人奧里翁帶著的獵犬。

獵 人克法洛斯與妻子普洛克里斯，得到月亮與狩獵女神阿蒂蜜絲所賞賜的名犬雷拉普斯，夫妻兩人都非常疼愛雷拉普斯。

小犬座

獵戶座的東側、大犬座的東北方,有一顆閃閃發亮的南河三,它是冬季大三角的其中之一,屬於小犬座。

✦ 晚間8點抵達頂點的日期
3月11日左右

✦ 中天高度角
71度

✦ 特色星
南河三

✦ 發現難度
★☆☆

小犬座

南河三

冬季大三角

大犬座

天狼星

探索時機 2月上旬晚間9點半左右、3月上旬晚間7點半左右的天空。

📍南河三

南河三的英文「Procyon」具有「在狗之前」、「狗的先驅」等意味,據說是因為小犬座比大犬座稍早一點升到東方的天空,因而得名。在古埃及,這顆星被視為預警尼羅河水量增加的重要星星。

走在大狗前方的小獵犬

　　小犬座雖是很小的星座，但它以閃亮的南河三為指標，也讓小犬座成為冬季的代表星座。這個星座僅由兩顆星構成，分別是一等星南河三和三等星南河二。

　　據說小犬座的原型，來自獵人阿克泰翁的獵犬。

相關神話請見148頁 ▶

 追星 祕訣

✦ 小犬座

在天狼星東北方，以閃亮的南河三為指標。

● 南河三是冬季大三角之一。
● 從天狼星展開的V字形，可以找到呈倒三角形的冬季大三角，小犬座就在它的左上（東北）方向。

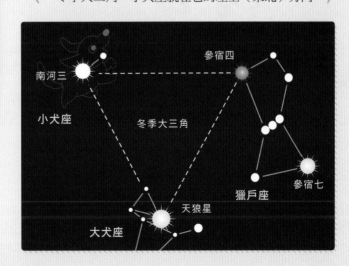

南河三
參宿四
小犬座
冬季大三角
獵戶座
參宿七
天狼星
大犬座

參宿四
參宿七
獵戶座

被自己的獵犬咬了的獵人

這 一天，獵人阿克泰翁帶著50隻獵犬，出發前往森林。

小犬座

麒麟座

南河三

仰望冬季的南方天空，可以看到小犬座的南河三、獵戶座的參宿四、大犬座的天狼星閃閃發亮。在這個冬季大三角之間的星座，就是麒麟座。

麒麟座

南

探索時機
2月上旬晚間9點左右、
3月上旬晚間7點左右的天空。

✦晚間8點抵達頂點的日期 3月3日左右
✦中天高度角 65度
✦發現難度 ★★★

橫跨冬季大三角的神祕動物

這個星座位於冬季大三角正中央，姿態看起來像是一隻飛躍在冬季銀河中的麒麟，其額頭前方是獵戶座，前腳位置是大犬座。麒麟座的拉丁文是「Monoceros」，意為獨角獸或犀牛。中國古代傳說中描繪的麒麟是獨角的鹿身牛尾獸，用來呼應西方的獨角獸。古人用它象徵祥瑞，因此麒麟座被稱為吉祥的星座。

麒麟座

參宿四

冬季大三角

獵戶座

參宿七

天狼星

大犬座

⭐ **麒麟**

是一種傳說中的神祕動物，外觀集龍頭、鹿角、獅眼、虎背、熊腰、蛇鱗、馬蹄、牛尾於一身，乃吉祥之寶。

✦麒麟座

從冬季大三角的中央尋找。

● 身體部分看起來像是從冬季大三角裡衝出來。

● 在夜空較暗且空氣澄淨之處找找看。

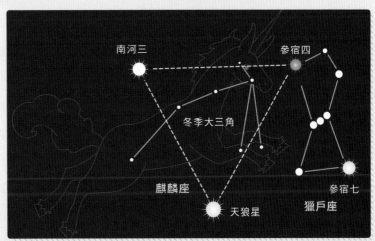

南河三　參宿四

冬季大三角

麒麟座　天狼星　參宿七　獵戶座

151

雙子座 12星座 Ⅱ

冬季時抬頭仰望夜空，在小犬座與麒麟座的北側、靠近額頭上方的位置，可以看到北河二與北河三，包含這兩顆星的星座，就是雙子座。

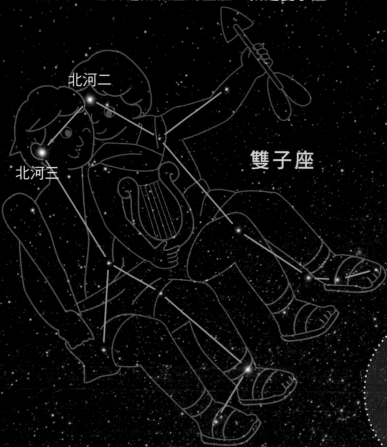

御夫座

五車二

北河二

北河三

雙子座

晚間8點抵達 中天高度角
頂點的日期 87度
3月3日左右

特色星
北河三、北河二

發現難度
★☆☆

南河三

小犬座

參宿四

形影不離的攣生兄弟

雙子座正確的名稱應為「雙子星座」，描繪的是卡斯托爾與波魯克斯這對雙胞胎兄弟，兄弟倆額頭部分的兩顆星，分別以他們的名字命名，也就是我們現在所稱的北河二與北河三。弟弟北河三稍亮一些，而且散發著橘色光芒。由這兩顆星連接出去的兩排星星，就是雙子座。

相關神話請見154頁 ▶

見 追星 祕訣

✦雙子座

以冬季夜晚頭頂上兩顆閃閃發亮的星星為指標。

- 從小犬座的南河三往北邊找找看。
- 亮度近似的兩顆星。

昴宿星團

畢宿五

畢宿星團

雙子座
北河二
北河三

東

探索時機 12月中旬晚間10點左右、1月中旬晚間8點左右的天空。

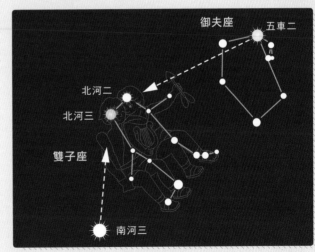

御夫座　五車二

北河二
北河三

雙子座

南河三

★ 雙子座流星群

每年12月14日前後，都會有雙子座流星群。這個時候，雙子座周圍會出現許多流星，從北河二附近往四面八方飛散，是人生難得一見的美麗景象。

攣生子的牽繫

哇！蛋裡居然孵出小嬰兒！

這對雙胞胎兄弟逐漸長大。

我們的爸爸為什麼是天鵝呢？

哥哥卡斯托爾擅長騎馬。

兩人一起進行了許多航海冒險旅程。

弟弟波魯克斯變成了拳擊好手。

★ 讓麗妲產下蛋的天鵝，是天神宙斯變身而成的。這隻天鵝後來成為夏季星座的天鵝座。

有 一天，斯巴達王妃麗妲產下兩顆蛋。這是天神宙斯變成天鵝時，讓她懷孕所產下的蛋。其中一顆蛋，孵出卡斯托爾與波魯克斯這對雙胞胎兄弟。卡斯托爾是人類之子，波魯克斯則有神的血脈，擁有不死之身。

有一次，雙胞胎的表兄弟伊達斯兄弟偷走他們抓到的牛。

這隻牛是我們抓到的！

胡說！閉嘴！

我無法忍受偷竊！

快還給我們！

卡斯托爾！
危險！

卡斯托爾！不要死！我們要永遠在一起啊！

如果我也能跟你一起死就好了⋯⋯

可是我是不死之身，死不了啊！

嗚嗚

既然如此，你們兩個要不要跟我走？你們可以繼續永遠相伴。

爸爸，這有可能嗎？

爸爸被你們的兄弟之情深深感動了。

天神宙斯把雙胞胎變成天上的星座，讓他們永遠形影不離。

御夫座

御夫座呈五角形，看起來像一枚日本將棋。
冬季夜晚在雙子座西側頭頂上方所見到的，
就是引人注目的御夫座一等星五車二。

- ✦晚間8點抵達
  頂點的日期
  2月15日左右
- ✦中天高度角
  北73度
- ✦特色星
  五車二
- ✦發現難度
  ★☆☆

五車二

北河二

北河三

雙子座

御夫座

五車二

御夫座

東

探索
時機

1月上旬晚間8點左右、
2月上旬傍晚6點左右的天空。

🌟五車二

由亮度相當的兩顆星所構成，兩顆星星看
起來像是重疊在一起，閃爍著明亮的黃
光，在一等星之中亮度排名第六，距離地
球相對較近，所以可以清楚看見。

左手抱著發光山羊的御夫

所謂御夫,是指在馬車前方駕馬的人,御夫座的形象是一個抱著小山羊的老車夫。御夫座是五車二在右上方的五角形,這個五角形的其中一角,連結了金牛座的牛角。五車二的拉丁名「capella」,意思就是「小母羊」。五車二是整個天空中最北端的一等星,一年之中能看見它的時期很長。

相關神話請見158頁 ▶

見 追星 祕訣

真的和金牛座連在一起吔!

✦ 御夫座

以頭上閃爍著黃光的五車二為指標。

● 在雙子座與金牛座之間找一找。
● 排列成五角形的五顆星星是其特徵。

昴宿星團

金牛座

畢宿星團

畢宿五

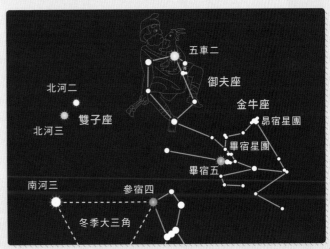

五車二
御夫座
金牛座
昴宿星團
北河二
雙子座
北河三
畢宿星團
畢宿五
南河三
參宿四
冬季大三角

馬車發明家

御 夫座的原型，據說是雅典的第三位國王艾力克托紐斯。由於他生下來就行動不便，因此每次上戰場作戰時，都把自己綁在馬背上，勇敢的親自上陣。

嘶嘶

啊呀呀呀呀！

沒禮貌

守護者

？

啪咚

艾力克托紐斯順利的長大成人，成為雅典國王。

艾力克托紐斯的治理能力太優秀啦！

又聰明，人品又好。

更重要的是他超強！

如何？各位！把車子架在馬上，我就可以自由行走啦！

喔喔！

真是了不起的發明！

艾力克托紐斯駕著這樣的馬車，馳騁在戰場上。

五車二

御夫座

鹿豹座

御夫座的正北方與北極星之間，就是鹿豹座的所在。鹿豹座的形態，看起來像是把頭伸向北極星的旁邊。

仙后座

✦晚間8點抵達
頂點的日期
2月10日左右
✦中天高度角
北46度
✦發現難度
★ ★ ★

鹿豹座

北極星

鹿豹座

北極星

北

探索時機 1月上旬晚間9點左右、
2月上旬晚間7點左右的天空。

繞著天空中心旋轉的長頸鹿

　　鹿豹座展現的是如同非洲草原動物長頸鹿的姿態。長頸鹿的頭部靠近北極星，向北極星伸出長長的脖子，一年四季都在北方天空持續繞行。不過這個星座沒有任何明亮的星星，所以在都市裡可能不容易看見。

 追星 祕訣

✦ 鹿豹座
在御夫座的五車二與北極星之間找一找。
● 三角形的身體與長長的脖子構成長頸鹿的樣貌。
● 長頸鹿的頭在北極星附近。

雖然是很大的星座，卻不容易看見吔！

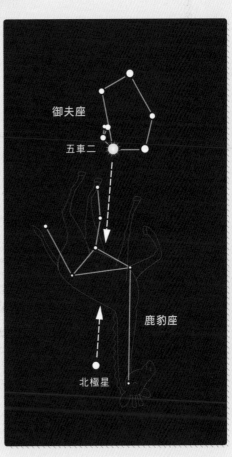

御夫座

五車二

鹿豹座

北極星

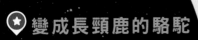 變成長頸鹿的駱駝

據說《舊約聖經》曾提到駱駝是星座的典型，這個星座原本是打算制定為駱駝，但在繪製星座圖的時候出了差錯，把駱駝誤植為長頸鹿。所以本來應該是「駱駝座」才是。

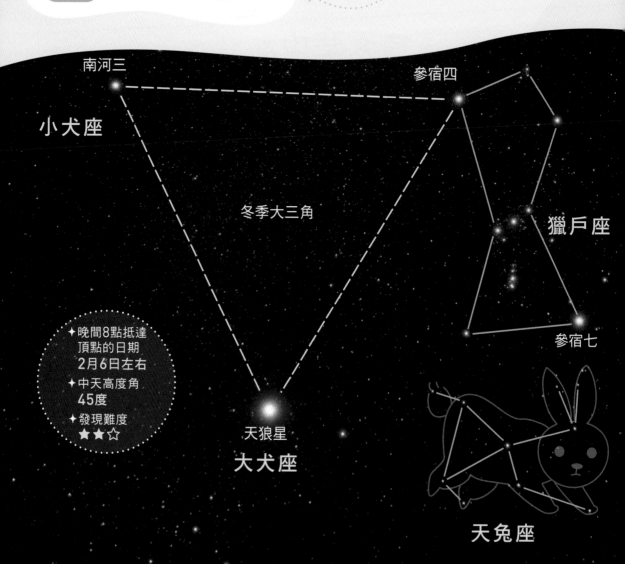

南河三

參宿四

小犬座

冬季大三角

獵戶座

✦ 晚間8點抵達
頂點的日期
2月6日左右
✦ 中天高度角
45度
✦ 發現難度
★★☆

參宿七

天狼星

大犬座

天兔座

天兔座

獵戶座的南邊，就是天兔座。星星們排列
成Ｖ字形，代表兔子長長的可愛耳朵。

天鴿座

蹲在獵人奧里翁腳邊的兔子

天兔座的位置在獵戶座下方，據說是因為獵人奧里翁把捕獲的兔子放在腳邊。

天兔座雖然沒有任何醒目的星星，但它的形狀像一隻蹲著的兔子，兔子的尾巴旁邊（東側），就是大犬座的天狼星。在觀察冬季夜空時，你會感覺這隻兔子彷彿是為了躲避大犬座而朝西邊逃竄。

見 追星 祕訣

✦天兔座

在獵戶座的腳邊（南側）找一找。

- 留意獵戶座參宿七的南邊。
- 大犬座的天狼星位於兔子的尾巴東側。

探索時機
1月上旬晚間10點半左右、2月上旬晚間8點半左右的天空。

天兔座

南

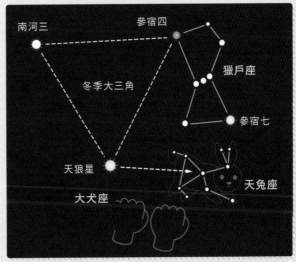

南河三　參宿四

冬季大三角

獵戶座

參宿七

天狼星

大犬座

天兔座

★一首關於兔子的詩

星座之中，不是每個星座名稱都與形狀全然符合。天兔座完整的形態，讓古代希臘詩人阿拉托斯也忍不住留下一首天文詩，描述獵人奧里翁腳邊的兔子被大犬座天狼星追趕的樣子。

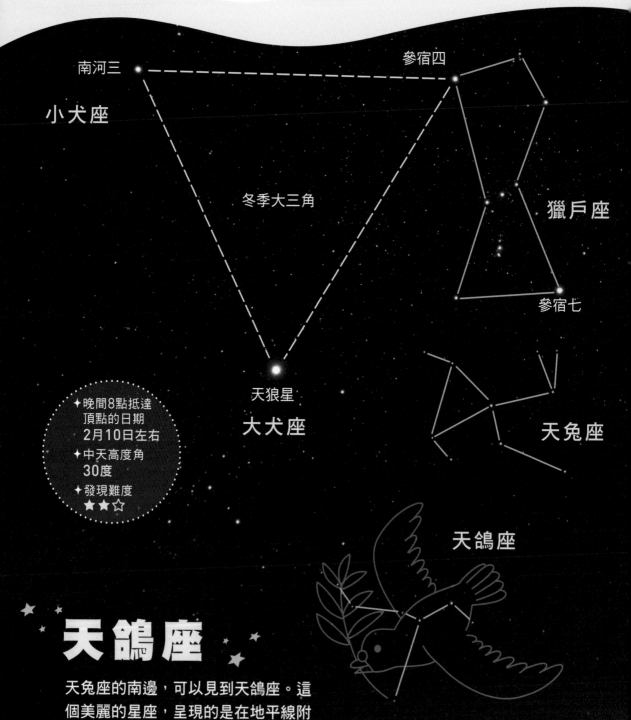

南河三

小犬座

參宿四

冬季大三角

獵戶座

參宿七

✦晚間8點抵達
頂點的日期
2月10日左右
✦中天高度角
30度
✦發現難度
★★☆

天狼星

大犬座

天兔座

天鴿座

天鴿座

天兔座的南邊，可以見到天鴿座。這個美麗的星座，呈現的是在地平線附近飛翔的鴿子姿態。

啣著橄欖葉的鴿子

天鴿座是《舊約聖經・諾亞方舟》故事中描述諾亞所放飛的鴿子，所以它的形象就是一隻啣著橄欖葉的鴿子。這個星座的典型特徵，就是星星排列成一支傘面朝天的雨傘。天鴿座是南方天空的星座，所以在視野較低的空曠地區可以看到。

見 追星 祕訣

✦ 天鴿座

從獵戶座往南邊天兔座的方向，再朝南追蹤，就可以找到天鴿座。

- 星星排列成傘狀。
- 在南方天空裡視野低的空曠處找一找。

探索時機 1月上旬晚間10點半左右、2月上旬晚間8點半左右的天空。

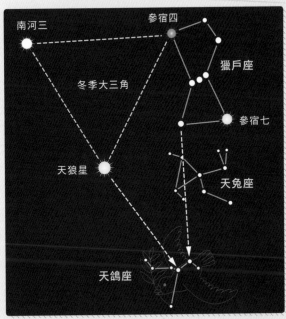

南河三　　參宿四
冬季大三角
獵戶座
參宿七
天狼星
天兔座
天鴿座

參宿四

獵戶座

波江座
天爐座
雕具座

連接獵戶座的參宿七到南方地平線之間星星的波江座，就像三明治的夾心，被天爐座與雕具座夾在中間。

參宿七

天狼星

波江座

✦晚間8點抵達
頂點的日期
1月14日左右
✦中天高度角
35度
✦發現難度
★★☆

雕具座

天爐座

✦晚間8點抵達
頂點的日期
1月29日左右
✦中天高度角
27度
✦發現難度
★★★

✦晚間8點抵達
頂點的日期
12月23日左右
✦中天高度角
33度
✦發現難度
★★★

水委一

漂流在天上之河中的古道具

波江座的原名「Eridanus」，是希臘神話中河神埃利達努斯的名字。這個星座呈現的是一條大河從獵戶座的腳邊往南方的地平線流淌；天爐座呈現的是化學實驗所使用的「火爐」姿態；雕具座則是雕刻家所使用的「刀具」。它們都是18世紀法國天文學者拉卡伊（Nicolas-Louis de Lacaille）所辨識出來的新星座，因此以當時的器具來命名。

相關神話請見168頁 ▶

見 追星 祕訣

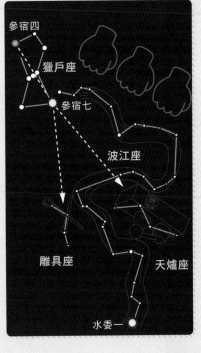

✦ 波江座

在獵戶座的參宿七至南方地平線之間尋找。

- 獵戶座腳邊的參宿七，是這條大河的上游。
- 臺北可以找找看這條大河下游的一等星水委一。

✦ 天爐座

在南方地平線附近的波江座西側尋找。

- 獵戶座參宿四與參宿七的延長線上。
- 波江座環繞天爐座半圈之後往南流。

✦ 雕具座

在獵戶座的南側、地平線附近尋找。

- 從獵戶座參宿七直接南下。
- 就在南方地平線的低處。

探索
時機　1月上旬晚間8點左右、
　　　2月上旬傍晚6點左右的天空。

⭐ 水委一

波江座呈現一條河流的樣貌，而位於最下游的是一等星水委一。水委一在阿拉伯語中有「河流盡頭」之意，因為位於南方地平線很低的位置，臺北的天空應能看到。

波江座的模樣是一條河流，找找看吧！

167

駕駛太陽馬車的少年

你們看！太陽馬車好酷啊！駕駛那部太陽馬車的是我爸爸喔！

真的是你爸爸嗎？

那你也去駕駛馬車看看，證明你說的是真的！

爸爸，拜託嘛！讓我駕駛一次太陽馬車！

太陽馬車很難駕馭的，不能偏離軌道，小孩子辦不到啦！

拜託嘛！

真拿你沒辦法，就這一次喔！

絕對不可以放開韁繩喔！

出發囉！

沒問題啦！爸爸您不用擔心。

賽格納斯是法厄同最好的朋友，他為了尋找跌入波江的法厄同，變成了天鵝，在波江上徘

太 陽神海利歐斯的工作，每天駕著太陽馬車，早晨從東方天空上升，再從西方天空下降。海利歐斯的兒子法厄同，非常以父親的工作為榮。

法厄同落水的波江，後來成為高掛夜空的星座。

參宿四

小犬座

南河三

船尾座
羅盤座
船帆座
船底座 南
老人星

探索
時機

2月上旬晚間9點左右、
3月上旬晚間7點左右的天空。

大犬座

天狼星

船尾座

✦晚間8點抵達
頂點的日期
3月13日左右

✦中天高度角
34度

✦發現難度
★★☆

羅盤座

✦晚間8點抵達
頂點的日期
3月31日左右

✦中天高度角
38度

✦發現難度
★★★

老人星

✦晚間8點抵達
頂點的日期
4月10日左右

✦中天高度角
18度

✦發現難度
★★☆

船帆座

船底座

✦晚間8點抵達
頂點的日期
3月28日左右

✦中天高度角
2度

✦發現難度
★★★

船尾座・船帆座
羅盤座・船底座

冬季的南方天空低處，浮現著由4
個星座所構成的阿爾戈號船。它位
於大犬座東南方，從天鴿座往南到
地平線一帶的位置可以找到它。

南十字座

構成巨大船隻的4個星座

顧名思義，船尾座是船尾，船帆座是船帆，而羅盤座是指引航線的羅盤，船底座則是船的骨架。在希臘神話中，曾描述一群英雄搭乘名為「阿爾戈號」的巨大船隻。但如果因此把它們視為一個星座，實在太過龐大，於是把這艘大船拆成四個星座。從臺北無法看見整艘大船的全貌，只能看見船尾座和船帆座、船底座的北側。

相關神話請見172頁 ▶

 追星 祕訣

✦ 船尾座

找出位於大犬座與天狼星東邊的指標星。

- 位於連結參宿七與天狼星的延長線上。
- 位於冬季隱約可見的銀河中。

✦ 羅盤座

在船尾座的東邊找一找。

- 三顆星排列成縱向的一直線。
- 羅盤座位在大船的船桅部分。

✦ 船底座

找找看南方地平線一帶。

- 位於天狼星往南至地平線之間。
- 位置像是從底下支撐著船尾座、船帆座與羅盤座。

✦ 船帆座

從天狼星往東，可追蹤到船尾座、羅盤座、船帆座。

- 位在大犬座天狼星與船尾座並排著的東邊。
- 地平線以上可以看到船帆座的北側。

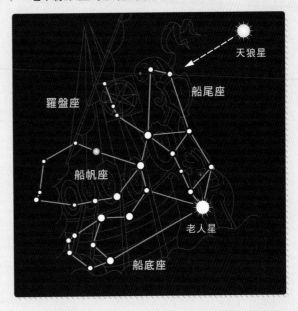

天狼星

船尾座

羅盤座

船帆座

老人星

船底座

⭐ 老人星

在船底座的位置，有顆亮度在整個天空中排名第二的一等星老人星。但它位在南方天空的低處，緯度較高的地區看不見。中國人稱這顆星為「南極老人星」，據說看到它就可以得到健康長壽。

看起來就像一艘巨大船隻從地平線駛上夜空！

勇士們搭乘的船

如果你把科爾基斯國的黃金羊毛取回來，我就把王位還給你！

我明白了！我去取回來！

請幫我打造一艘航行速度很快的堅固船隻！

好的！交給我！

於是伊阿宋王子召集50名勇敢的年輕人，乘著這艘巨大的「阿爾戈號」出發了。

真興奮啊！

請指教！

請多指教！

用力握緊

好痛啊！

安然度過幾次暴風雨的阿爾戈號，終於抵達科爾基斯國。

勇士們前往科爾基斯國取得的黃金羊毛，就是秋季星座白羊座的毛皮。

俄爾卡斯國王體弱多病，因此在兒子伊阿宋長大成人之前，先把王位交給自己的弟弟（伊阿宋的叔父）。有一天，伊阿宋請叔父把王位交還給自己。

我會去把黃金羊毛取回來！

嗯，那很好。

黃金羊毛由一隻龍看守著，哪有那麼簡單就拿到！

……

伊阿宋王子！

給你這瓶魔法藥。

謝謝！

果然是好方法啊！

伊阿宋一行人前往森林，那裡有一隻龍在等著他們。

就是現在！把瓶子打開！

喀啦！

咚

ZZZ

咦？

睡著了？

就這樣結束了？

這樣挺好的嘛！

而他們所乘的這艘阿爾戈號，後來變成天上的星座。

173

南天星空

根據希臘神話，我們知道北半球的天空有著各式各樣的星座。那麼南半球可以看到什麼星座呢？

圖示說明

● 1等星	◉ 變星
● 2等星	○ 疏散星團
● 3等星	◍ 瀰漫星雲
· 4等星	◉ 球狀星團
· 5等星	○ 銀河

地球自轉軸的南極側往天際延伸，與天空的交點就是南天極喔！

❓ 星星為什麼會發光？

自己會發光的恆星，大部分都是因為含有大量的巨大塊狀氣體，例如氫氣之類。因為這些星星內部氣壓極大，氫氣互相結合，轉變成氦氣，形成所謂的核融合，就會產生巨大的能量，最後變成光與熱。

❓ 星星的亮度永遠都一樣嗎？

星星的亮度並非永遠一樣，例如，鯨魚座的芻藁增二，亮度會隨著星體膨脹收縮而變化，在二等星與十等星之間變化，也就是所謂的變星。

南半球觀測星座的方法

 在南半球看見的星座，都是上下左右顛倒的。

由於地球是球體，所以人站在地面所面對的方向，也會因為身處在北半球或南半球而有所改變。北半球的星座，若同時在南半球觀看的話，方向會上下左右顛倒，因此同一個星座，在北半球和南半球看起來完全不同。

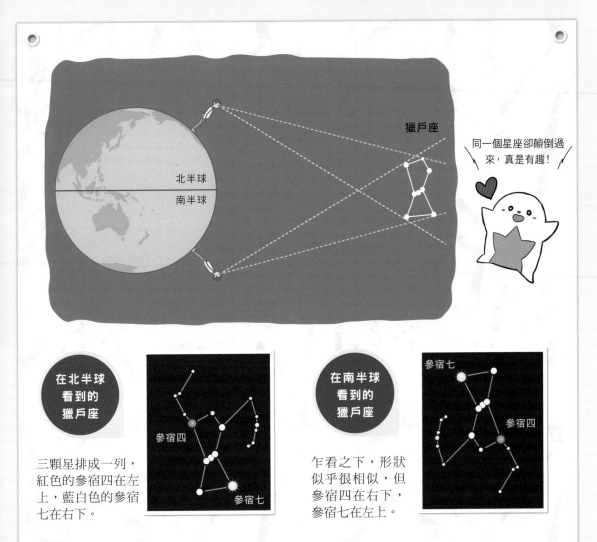

獵戶座

同一個星座卻顛倒過來，真是有趣！

北半球
南半球

在北半球看到的獵戶座

參宿四

參宿七

三顆星排成一列，紅色的參宿四在左上，藍白色的參宿七在右下。

在南半球看到的獵戶座

參宿七

參宿四

乍看之下，形狀似乎很相似，但參宿四在右下，參宿七在左上。

南十字座

南半球的閃亮星座，日本地區無法看見，
但臺灣恰好能見到。閃亮的南十字座非常
有名，與北半球的北十字星群是相對的。

南十字β

十字架二

南十字座

馬腹一

南門二

✦晚間8點抵達
　頂點的日期
　5月23日左右
✦中天高度角
　65度
✦發現難度
　★☆☆

祈求航海者平安的十字架

雖然南十字座是所有星座中最小
的，但它的4顆星非常明亮，就算在銀
河中也很閃亮。15世紀大航海時代，
據說乘船的人只要看見南十字座，就
會向它祈求航海平安。

5月中旬晚間9點左右、
6月中旬晚間7點左右的天空

探索
時機

⊙ 南十字座與南天假十字

南十字座的附近，有一個星星排列稍大的十字，被稱為「南天假十字」，它旁邊就是變成冬季星座的阿爾戈號。不過，真正的南十字座非常明亮，所以應該不太容易混淆。

南天假十字

※此處所提到的觀星方法、日期時間、中天高度角等，都是以澳洲雪梨附近的資料為主。

見 追星 祕訣

✦ 南十字座

以明亮的4顆星形成的十字為指標。

● 半人馬座的南門二與馬腹一並列閃爍。
● 南十字座的長邊延長五倍處，就是「南天極」。

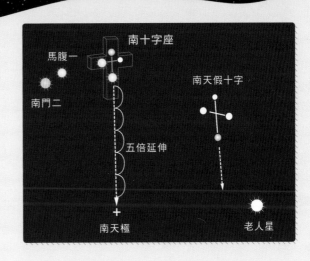

蒼蠅座
蝘蜓座

南十字座的正南方有兩個星座，
若從北邊開始排列，依序是南十
字座、蒼蠅座、蝘蜓座。

✦晚間8點抵達
頂點的日期
5月26日左右

✦中天高度角　✦發現難度
56度　　　　★★☆

蒼蠅座

蝘蜓座

✦晚間8點抵達
頂點的日期
4月28日左右

✦中天高度角　✦發現難度
46度　　　　★★☆

蒼蠅座

蝘蜓座

南

※此處所提到的觀星方法、日期時
　間、中天高度角等，都是以澳洲雪
　梨附近的資料為主。

**探索
時機**
5月中旬晚間9點左右、
6月中旬晚間7點左右的天空。

南門二

馬腹一

這兩顆星是南十字座的指標喔！

蒼蠅與瞄準牠的變色龍

南十字座

蒼蠅座多半由三等星和較暗的星星所組成，據說曾被稱為「蜜蜂座」，但現在呈現的是蒼蠅的形態。

蒼蠅座的南邊，有一個蝘蜓座在等著。蝘蜓俗稱變色龍，這裡的變色龍看起來就像正伸長舌頭瞄準牠的食物蒼蠅，打算一口吃掉。

蒼蠅座與蝘蜓座都是形狀完整的星座，因此在制訂星座初期就已經被納入南天星座中。

 追星 祕訣

✦ 蒼蠅座
找找看南十字座南邊排成一列的小星星。
● 位於南十字座與南天極之間。

✦ 蝘蜓座
找找看蒼蠅座南邊排成菱形的小星星。
● 因為位於南天極附近，因此北半球高緯度的地區是看不見的。

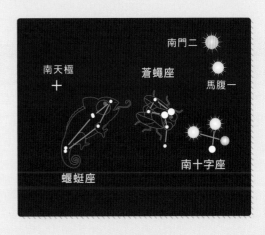

圓規座 南三角座

南十字座與圓規座，同樣位在銀河中。圓規座的正南方，就是閃亮的南三角座。

馬腹一

南門二

圓規座

南三角座

✦晚間8點抵達
頂點的日期
6月30日左右

✦中天高度角
63度
✦發現難度
★★☆

圓規座

南三角座

南

✦晚間8點抵達
頂點的日期
7月13日左右

✦中天高度角
60度
✦發現難度
★☆☆

探索時機 6月中旬晚間10點左右、7月中旬晚間8點左右的天空。

※此處所提到的觀星方法、日期時間、中天高度角等，都是以澳洲雪梨附近的資料為主。

南十字座

並排在南天星空裡 的圓規與三角形

　　圓規座是3顆星星排列成細長的V字形，看起來很像圓規的形狀。由於多半是較暗的星星，因此被淹沒在明亮的銀河裡，很難見到。

　　南三角座的形狀近似北半球三角座，不過南三角座是大型的明亮星座，更接近正三角形。

 追星 祕訣

✦ 圓規座

找出銀河裡排列成細長V字形的星星。

● 位於半人馬座一等星南門二的附近。
● 埋沒在明亮的銀河裡，不是很容易見到。

✦ 南三角座

找出形成三角形的明亮星星。

● 位於圓規座南方處。

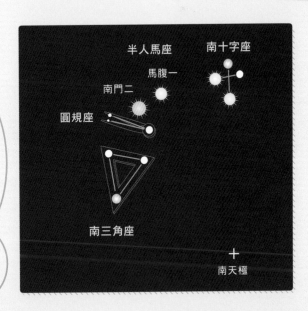

半人馬座　　　南十字座

馬腹一

南門二

圓規座

南三角座

✛
南天極

矩尺座・天燕座

矩尺座位於天蠍座西南方的位置，
天燕座位於南三角座的南邊。

半人馬座

馬腹一

南門二

矩尺座

圓規座

✦晚間8點抵達
　頂點的日期
　7月18日左右
✦中天高度角
　74度
✦發現難度
　★★☆

南三角座

矩尺座

天燕座

✦晚間8點抵達　✦中天高度角
　頂點的日期　　55度
　7月18日左右　✦發現難度
　　　　　　　　★★☆

探索時機 6月中旬晚間10點左右、
7月中旬晚間8點左右的天空。

天燕座

※此處所提到的觀星方法、日期時間、中天高度角等，都是以澳洲雪梨附近的資料為主。

木匠的矩尺和
乘風飛翔的極樂鳥

南十字座

矩尺座是由木匠所使用的直尺加角尺（用來判定直角的尺規）所組成的十字形星座，位於圓規座附近，照理說應該很顯眼，但因為埋沒在明亮的銀河裡，所以肉眼不容易看見。

天燕座所呈現的據說是生長於紐幾內亞島一帶的極樂鳥，因為位置靠近南天極，在北半球高緯度地區無法看到。

 見 追星 祕訣

✦ 矩尺座
在天蠍座的心宿二與半人馬座南門二之間找一找。
● 由於多半是較暗的星星，因此很難看見。

✦ 天燕座
往半人馬座的南門二南方找找看。
● 由於位於南天極附近，北半球高緯度地區無法看見。

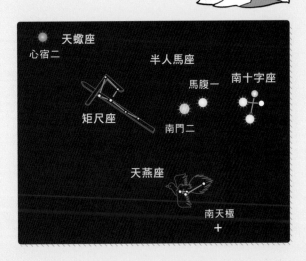

183

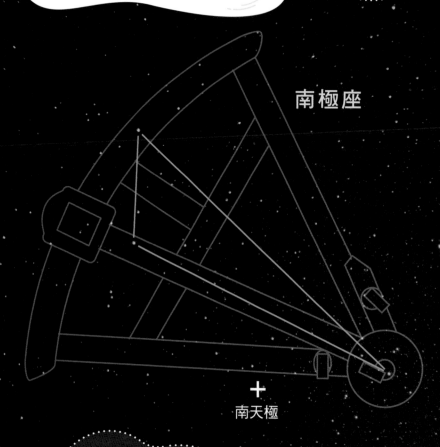

南極座

+
南天極

✦晚間8點抵達　✦中天高度角
　頂點的日期　　37度
　10月2日左右

✦發現難度
★★☆

南極座

以南十字座為指標，先找到「南天極」，然後在
南天極附近找到舊稱為「八分儀座」的南極座。

八分儀是什麼？

南極座

南

探索時機

9月中旬晚間10點半左右、
10月中旬晚間8點半左右的天空。

用來測定天體的航海用具

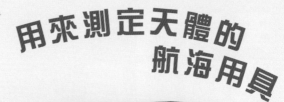

南門二

馬腹一

※此處所提到的觀星方法、日期時間、中天高度角等，都是以澳洲雪梨附近的資料為主。

南極座舊稱「八分儀座」，八分儀是一種航海儀器，由18世紀英國人哈德利（Hadley）所發明，用來測量天體角度與距離水平線的高度。

南極座由法國天文學者拉卡伊（Nicolas-Louis de Lacaille）命名，由於組成多半是較暗的星星，附近也沒有明亮星星，因此不容易看到。

見 追星 祕訣

✦ 南極座

找找看以南十字座為指標的南天極附近

● 南十字座長邊延伸約5倍處，就是南天極。

● 多半都是較暗的星星，不容易看見。

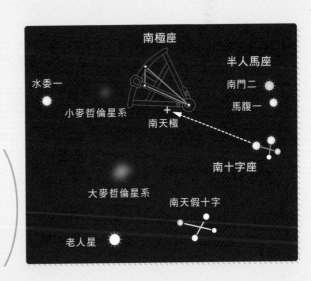

南極座

半人馬座
南門二
馬腹一

水委一

小麥哲倫星系
南天極

南十字座

大麥哲倫星系
南天假十字

老人星

185

心宿二

半人馬座　　馬腹一

南門二

天壇座
望遠鏡座

天壇座位於天蠍座尾巴S曲線的南邊，
旁邊就是望遠鏡座。

天壇座

✦晚間8點抵達
　頂點的日期
　8月5日左右

✦中天高度角　✦發現難度
　69度　　　　★★☆

望遠鏡座

✦晚間8點抵達
　頂點的日期
　9月2日左右

✦中天高度角　✦發現難度
　74度　　　　★★★

望遠鏡座　　天壇座

南

探索
時機

7月中旬晚間11點左右、
8月中旬晚間9點左右的天空

※此處所提到的觀星方法、日期
時間、中天高度角等，都是以澳
洲雪梨附近的資料為主。

186

天文學家的望遠鏡和一旁燃燒的祭壇

「祭壇」指的是奉獻祭品給神明時、燃著大火的爐臺，據說早在西元前的希臘時代，天壇座就已為人所知，歷史相當久遠。

望遠鏡座的原型，據說是巴黎天文臺第一任臺長卡西尼（Giovanni Cassini）所使用的天文望遠鏡。

天壇座的星星排列得比較清楚，望遠鏡座則不容易被肉眼辨識。

見 追星 祕訣

♦ 天壇座

在天蠍座的心宿二與半人馬座的南門二之間的南側天空尋找。

● 明亮的星星排列成完整的形狀。

♦ 望遠鏡座

天壇座旁邊排列成細長狀的星星。

● 星星多半很暗，不容易看到。

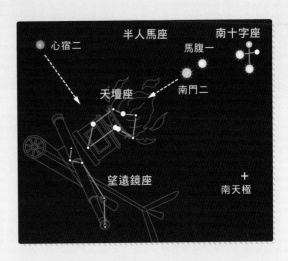

半人馬座　　　南十字座
心宿二
馬腹一
天壇座　　南門二
望遠鏡座
＋
南天極

夏天時，臺灣地區可以看得見！

繪架座
飛魚座

繪架座位於冬季船底座一等星老人星的附近；飛魚座則位於繪架座東南方、南天假十字的附近。

繪架座

飛魚座

南

探索時機 1月中旬晚間10點左右、2月中旬晚間8點左右的天空。

繪架座

老人星

✦晚間8點抵達頂點的日期
2月8日左右

✦中天高度角
72度

✦發現難度
★★★

飛向空中的魚和畫家的畫架

　繪架座呈現的是畫家使用的「畫架」形狀，這裡指的「畫架」，是可以把畫布放在上面、方便作畫的架子。從北半球看，會呈現顛倒的樣子，不容易看出形狀。

　大航海時代，船上的人們看見海面上有一大群魚飛向空中，於是發展出口耳相傳的飛魚傳說。飛魚座據說就是天文學家根據這個傳說而制訂的。

大麥哲倫星系

※此處所提到的觀星方法、日期時間、中天高度角等，都是以澳洲雪梨附近的資料為主。

✦ 晚間8點抵達頂點的日期
3月13日左右
✦ 中天高度角
55度
✦ 發現難度
★★☆

飛魚座

追星祕訣

可以很清楚看見船底座的老人星吧！

✦繪架座

在船底座一等星老人星的旁邊找找看。

● 沒有明亮的星星，比較不容易看見。

✦飛魚座

在大麥哲倫星系與南天假十字之間找找看。

● 大麥哲倫星系的亮度較暗，因此可以找找四周稍微暗一點的區域。

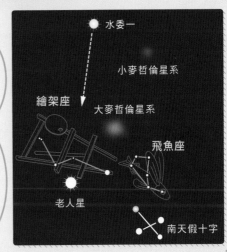

水委一

小麥哲倫星系

繪架座

大麥哲倫星系

飛魚座

老人星

南天假十字

劍魚座・山案座

劍魚座是繪架座與波江座之間的細長形星座；
山案座則位於劍魚座的正南方。

老人星

劍魚座

+ 晚間8點抵達
  頂點的日期
  2月10日左右
+ 中天高度角
  48度
+ 發現難度
  ★★☆

大麥哲倫星系

山案座

劍魚座

山案座

南

+ 晚間8點抵達
  頂點的日期
  1月31日左右
+ 中天高度角　+ 發現難度
  65度　　　　★★☆

探索時機 1月中旬晚間10點左右、
2月中旬晚間8點左右的天空。

小麥哲倫星系

※此處所提到的觀星方法、日期時間、中天高度角等，都是以澳
洲雪梨附近的資料為主。

水委一

山頂像桌面的山 和吃雲的劍魚

⭐ 大麥哲倫星系

葡萄牙人麥哲倫,是第一個實現航海繞行世界一周的人。這個巨大恆星集團便是以麥哲倫來命名,據說這個星系至今仍在活躍中,仍有星星不斷形成或死去。

大麥哲倫星系雖然又稱為大麥哲倫雲,但其實並不是雲喔!

劍魚,是生活在南方海域中的一種魚,長長的嘴巴很像尖角。劍魚座表現的就是這種魚的姿態。

南非有一座山名叫「桌山」,以山頂像桌面一樣平坦而得名。「山案座」的形象,來自這樣的一座平頂山。法國天文學者拉卡伊(Nicolas-Louis de Lacaille)是在南半球的天文臺觀測到這個星座的。

在山案座與劍魚座之間,是明亮的大麥哲倫星系。

✦ 劍魚座

就在大麥哲倫星系旁邊。

●大麥哲倫星系在劍魚座嘴邊閃爍著。
●位於波江座的水委一與船底座的老人星之間。

✦ 山案座

往劍魚座對面的大麥哲倫星系另一端找一找。

●沒有明亮的星星,不容易找。

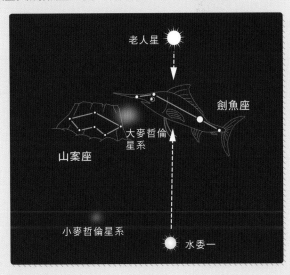

老人星
劍魚座
大麥哲倫星系
山案座
小麥哲倫星系
水委一

網罟座・水蛇座

網罟座離劍魚座非常近，就在劍魚座腹側的位置；水蛇座則位於波江座最南端的水委一旁邊，離網罟座很近。

水委一

水蛇座

小麥哲倫星系

✦晚間8點抵達
頂點的日期
1月14日左右

✦中天高度角　✦發現難度
61度　　　★☆☆

網罟座

✦晚間8點抵達
頂點的日期
12月27日左右

✦中天高度角
55度

✦發現難度
★★☆

網罟座
水蛇座
南

**探索
時機**
11月中旬晚間11點左右、
12月中旬晚間9點左右的天空。

大麥哲倫星系

※此處所提到的觀星方法、日期時間、中天高度角等，都是以澳洲雪梨附近的資料為主。

老人星

菱形天文觀測儀器和三角形的水蛇

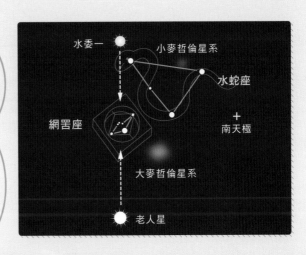

「網罟」是為了正確測量星星位置而發明的，具有天文望遠鏡的焦平面，但焦平面像一張小菱形構成的網。網罟座的確可以清楚看出星星排列成小菱形的形狀。

水蛇座在法語裡有「公的九頭蛇」的意涵，由星星排列成三角形，呈現一條蛇的形狀。

天文學家拉卡伊給星座取的名字裡，有好多都是天文儀器！

見 追星 祕訣

✦網罟座

在波江座的水委一與船底座的老人星中間找找看。

● 最明顯的標記是星星排列成小菱形。

✦水蛇座

在水委一與大小麥哲倫星系所圍成的空間之中，尋找由星星排列成的三角形。

● 形成這個三角形的3顆星都是三等星。

水委一　小麥哲倫星系
水蛇座
網罟座
南天極
大麥哲倫星系
老人星

杜鵑座 時鐘座

杜鵑座位於水蛇座的旁邊；
時鐘座位於波江座和網罟座
之間。

杜鵑座

✦ 晚間8點抵達
頂點的日期
11月13日左右
✦ 中天高度角
58度
✦ 發現難度
★☆☆

水委一

小麥哲倫星系

時鐘座

✦ 晚間8點抵達
頂點的日期
1月6日左右
✦ 中天高度角
72度
✦ 發現難度
★★☆

網罟座

水蛇座

大麥哲倫星系

※此處所提到的觀星方法、日期
時間、中天高度角等，都是以澳
洲雪梨附近的資料為主。

時鐘座

杜鵑座

南

**探索
時機** 11月中旬晚間11點左右、
12月中旬晚間9點左右的天空。

閃耀著星光的巨嘴鳥 和南方地平線上的擺鐘

杜鵑座呈現的是南美地區一種嘴巴很大的「巨嘴鳥」姿態。它看起來像是一個被壓扁的五角形，腳邊有閃閃發亮的小麥哲倫星系。

時鐘座據說是以法國天文學者拉卡伊（Nicolas-Louis de Lacaille）愛用的擺鐘來命名。北緯23度以南可以看見。

見 追星 祕訣

✦ 杜鵑座

在波江座的水委一與小麥哲倫星系附近找找看。

- 幾顆星星排列成類似被擠壓的五角形。
- 腳邊有小麥哲倫星系閃爍著光芒。

✦ 時鐘座

在波江座的水委一與船底座的老人星之間找找看。

- 多半是較暗的星星，比較不容易看見。

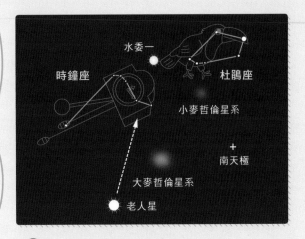

水委一
時鐘座
杜鵑座
小麥哲倫星系
＋ 南天極
大麥哲倫星系
老人星

大小麥哲倫星系肉眼就可以看見喔！

⊙ 小麥哲倫星系

與大麥哲倫星系相比，小麥哲倫星系只有一半大小，它已經繞著銀河系運行了25億年，據說最後會與大麥哲倫星系一起被銀河系吞沒。

孔雀座
印第安座
顯微鏡座

孔雀座是望遠鏡座附近的星座；印第安座位於孔雀座的嘴喙前方；顯微鏡座則位於印第安座北邊。

顯微鏡座

★ 晚間8點抵達
頂點的日期
9月30日左右

★ 中天高度角　★ 發現難度
88度　　　　★★★

北落師門

印第安座

孔雀十一

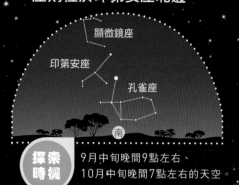

顯微鏡座
印第安座
孔雀座
南

探索時機 9月中旬晚間9點左右、10月中旬晚間7點左右的天空。

★ 晚間8點抵達
頂點的日期
10月7日左右

★ 中天高度角
65度

★ 發現難度
★★☆

水委一

孔雀座

※此處所提到的觀星方法、日期時間、中天高度角等，都是以澳洲雪梨附近的資料為主。

小麥哲倫星系

追星祕訣

✦ 孔雀座

以孔雀頭部的孔雀十一為指標。
- 位於秋季星座天鶴座附近。
- 臺北地區可以看到孔雀座的頭部。

✦ 印第安座

在孔雀座與天鶴座之間找找看。
- 臺北地區可以看到星星排列成倒過來的Y字形。

✦ 顯微鏡座

在天鶴座北邊找找看。
- 多半是較暗的星星，比較不容易看見。

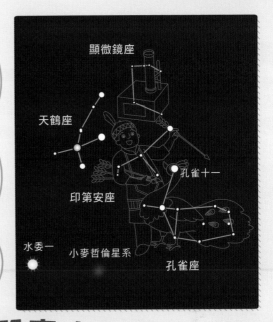

顯微鏡座
天鶴座
孔雀十一
印第安座
水委一
小麥哲倫星系
孔雀座

湊近印第安人的孔雀和高懸頭上的顯微鏡

- ✦ 晚間8點抵達頂點的日期
  9月5日左右
- ✦ 中天高度角
  59度
- ✦ 發現難度
  ★☆☆

　　孔雀座的指標是頭部的二等星孔雀十一，因為周圍有幾顆明亮的星星，所以很容易找到。印第安座呈現的是美洲原住民姿態。顯微鏡座雖然是法國天文學家拉卡伊（Nicolas-Louis de Lacaille）所設定的，但因為是古老的圖案形狀，可能不太容易辨識。

　　在臺北，天氣良好的秋夜，可以看到摩羯座以南的顯微鏡座，以及孔雀座的上半部分。

全天88星座的誕生

西元1598年，學者普朗修斯把南天12星座*1畫在天球儀*2上。

荷蘭的地理學者與地圖製作者普朗修斯

普朗修斯與弟子凱瑟、霍特曼觀測南天星座，

這就是最早製作出來的天球儀。

我製作了天球儀，我要把南天12星座記錄在天球儀上。

從前，根據天文學者們所記錄的星座而描繪出來的美麗星座圖案，就成為後世流傳的星座圖。

好美啊⋯⋯

不論什麼時候看星座圖，都覺得好有趣。

天空中真的有這些星星嗎？

德國律師約翰・拜耳

拜耳先生，這裡有一份有趣的資料喔！

普朗修斯作

喔？南方天空也能畫出12星座嗎？

就把這些資料正式發表在目前的星座圖中吧！

VRANO METRIA

先生！我來幫忙！

西元1603年約翰・拜耳根據普朗修斯等人的資料，正式發表南天12星座。

16世紀以來，北半球學者將在南半球見到的珍奇動物、當時最先進的儀器、觀測道具等拿來為南天星座命名。因此，南天星座的命名並非來自希臘神話典故。

古 希臘天文學者托勒密（Claudius Ptolemy）設定了48星座，並成為之後1500年間的星空指標。到了15世紀，歐洲人開始前進亞洲與非洲。直到大航海時代，南半球才為人所知，因此開始制訂南半球的星座。

可是從17世紀開始到18世紀，各國天文學家紛紛各自設定星座。

這個星和那個星連在一起……就叫它百合座吧！

那邊多半是較暗的星，就叫天貓座吧！

它就叫時鐘座，來紀念我的擺鐘！

法國天文學者拉卡伊

波蘭天文學者赫維留斯

法國建築家華耶

由於沒有任何共通規範，因此大家都依照個人喜好為星座命名。

於是到了20世紀……

這個星座圖也是……那個星座圖也是……大家都在各說各話！

因為大家都各自設定星座……

唉！

就是這樣啊！

啪

到底哪一個才是正確的呢？

好！我們必須制訂規範，整理出一份全世界共通的星座系統！

於是，星座境界線被制訂出來，西元1930年，國際天文學聯盟頒訂了現在的「全天88星座」。

全天88星座

＊1 編注：南天12星座是12個靠近南天極的星座，又名航海12星座。
＊2 天球儀：記載星星位置的球狀模型。

變成航海指標的子星

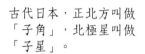

古代日本，正北方叫做「子角」，北極星叫做「子星」。

德藏所駕的船，總是能朝正確的方向前進！

是啊！

是嗎？沒有啦！我現在要出發囉！

不知道大家知道子星嗎？我就是以它為指標，才不會迷航的。

嘻嘻嘻

原來如此！

我真是天才！

根據船帆張收程度的變化來改變方向，這樣船速可以加快！

呼轟

德藏！為什麼今天的船速比昨天快呢？

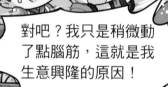

對吧？我只是稍微動了點腦筋，這就是我生意興隆的原因！

德藏運送貨物的速度比其他人快，所以賺了一大筆錢。

咻

我先走囉！

德藏的妻子也是頭腦很好的人。

所謂「北前船」，是江戶時代往返於北海道與大阪之間的商船，從大阪運送米或酒等貨物，也從北海道運送昆布或魚之類的貨物，彼此互通有無。

古 時候的人，把正北方天空中終年不動的北極星，當作旅行或航海的指標。這裡要說的就是江戶時代（西元 1603～1867 年）有名的舵手「桑名屋德藏」與妻子之間一則有關北極星的故事。

北極仙翁與南極仙翁

在中國，有一對經常被相提並論的星宿，稱為「北斗七星」和「南斗六星」。在88星座

夏 天傍晚，可以在西北方看見北斗七星，在南邊看見南斗六星。在中國，這對星星總是被一同提起，這源自於一則流傳下來的故事。

呵呵呵，今天又是我贏了嗎？

哼！

嗯？

噗

你是誰？為什麼在這裡？

這樣不也很好嗎？這孩子為我們帶來了酒肉啊！

好啦，別再生氣啦！

跪倒

呵呵呵

少年啊！這個當作禮物送你可好？
肉真好吃，謝謝。

到時候出了差錯，你要負責。

抖抖

這裡寫了你的壽命是十九。

十九

倒轉

可是，只要把它反過來，就變成九十囉！

九十

爸爸！我可以活到九十歲了！

太好了！

呼呼
那兩人是神仙吧？

中國流傳著一種說法：
北極仙翁掌管死，南極仙翁掌管生。

我果然是千里眼啊！

占

呼呼

汲取救命之水的金色勺子

某年夏天，因為長期不下雨，村裡的水源不足。

咳咳

媽媽！您還好嗎？

井裡已經沒有水了……

對了！森林的噴泉應該會有水！

索妮亞前往山裡的水泉處，舀了一勺水。

太好了！

這些水應該可以讓媽媽好過一些！

啊！有小狗……

咕嗯

筋疲力盡

好可憐喔！這些水給你喝！

我再去舀一次水吧！

啪唧　啪唧

在日本、中國、韓國、俄羅斯、歐洲等地，很多國家流傳著北斗七星的故事。

季傍晚，北方天空有七顆星星排列成勺子狀，這就是北斗七星。俄羅斯民間流傳著一則北斗七星的傳說：一個農家女孩索妮亞與生病的母親過著貧苦的日子，卻因為善良得到善報的故事。

索妮亞又去舀了一勺水，準備趕回家。

趕快！趕快！

小姑娘，拜託給我一口水喝吧！

搖晃

好，請喝水吧！

咦？為什麼變成銀勺子了？

咕嚕咕嚕

索妮亞再去舀一勺水，等她回到家，已經入夜了。

我回來了！

媽媽，我去泉水邊舀水，是冰涼的水喔！

怎麼又變成金勺子了？

真奇妙！

嘖嘖稱奇

咦？為什麼身體突然變得很輕鬆？

真的嗎？

喝了這些水，立刻就有精神了！

充滿力量！

啊！我居然可以活動自如了！

太好了，媽媽！

讚！

難道是因為這支金勺子的魔法？

據說，後來這支金勺子就變成天上的北斗七星。

用愛搭成的光之橋

瑟拉米，我想再度和你一起生活。

茲拉米斯與瑟拉米死後變成兩顆相隔很遠的星星，無法見到摯愛的兩人，天天都沉浸在悲傷之中。

咦？這是……

我也是，親愛的。

瑟拉米！我有個好主意。把這些星點收集起來，就可以在我們之間搭起一座光橋了！

這樣的話，我也要試試看

你果然很厲害！

咦？有可能嗎？

為了與你相會，不論要花多少年我都願意。

兩人年復一年的持續收集光點。

就這樣，1000年過去了。

完成了！

終於成功了，比我想像的還要困難。

擦汗

在北歐，有些地方的人們相信亡者的靈魂會被帶往夜空成為星星，而這些靈魂所經過的道

銀河匯集無數的星星大河，在歐洲被視為天上的一座橋或一條路。芬蘭流傳著一個傳說，說的就是一對感情很好的夫妻，死後變成閃亮的星星，為了重聚在一起，而搭起一座「光之橋」的故事。

愛戀太陽神之女的印第安青年

在「昴」的七顆星中，只有一顆並不像周圍其他星星那樣明亮，所以有點看不太清楚。據說這是因為太陽神不願意看到自己的女兒嫁給人類為妻，所以故意讓那顆星星不明顯。

秋季夜晚，可以在東方天空看見金牛座的昴（昴宿星團）和獵戶座。美洲流傳著一個傳說，認為這兩個星座呈現出太陽神的女兒們與印第安青年的形象。

突然

呀！

我愛上你了！

這一年來，我每天都來這裡等你，所以……

請問你願意跟我結婚嗎？

既然你這麼情深意重，我願意嫁給你為妻，但是你必須和我們一起住在天界，否則我沒辦法嫁給你。

你願意嗎？

我可以，我可以！

我可以馬上去！

咦？

據說太陽神的7個女兒變成「昴」的七顆星，印第安青年則是變成獵戶座。

獵戶座

昴

青年與太陽神的女兒們乘著天籠，飛往天界。

哇！我一直都想搭乘一次看看呢！

惡神的陰謀

就像希臘神話一樣，古埃及也流傳著許多神祇傳說。法老歐西里斯與他的王后伊西斯女神，也出現在埃及神話中，於是掌管愛、美和收穫的伊西斯女神，後來變成室女座的傳說。

瑪伍伊少年的釣魚鉤

在南半球紐西蘭看到的天蠍座，和北半球所看到的上下顛倒，看起來就像從天上垂下來的釣魚鉤。有一則紐西蘭的傳說，解釋了這個形狀的由來。

索引

國家圖書館出版品預行編目 (CIP) 資料

每顆星星都有故事：看漫畫星座神話，學天文觀星祕技/藤井旭監修；林劭貞譯. -- 初版. -- 新北市：小熊出版：遠足文化事業股份有限公司發行, 2022.05
216面；18.2 x 23公分. -- (廣泛閱讀)
ISBN 978-626-7050-57-6(平裝)

1.CST:星座 2.CST:神話 3.CST:通俗作品

323.8   110022396

廣泛閱讀

每顆星星都有故事
看漫畫星座神話，學天文觀星祕技

監修：藤井旭｜翻譯：林劭貞｜審訂：洪景川（前臺北市立天文科學教育館研究助理）
漫畫：画工舍、IRORIKO、HINAKOTORI、KAZUNE、KAGE、MASAKIRYOU

總編輯：鄭如瑤｜主編：施穎芳｜封面設計：莊芯媚｜內頁設計：楊雅屏｜行銷副理：塗幸儀

出版：小熊出版／遠足文化事業股份有限公司
發行：遠足文化事業股份有限公司（讀書共和國出版集團）
地址：231新北市新店區民權路108-3號6樓｜電話：02-22181417｜傳真：02-86672166
劃撥帳號：19504465｜戶名：遠足文化事業股份有限公司
Facebook：小熊出版｜E-mail：littlebear@bookrep.com.tw
讀書共和國出版集團網路書店：www.bookrep.com.tw
客服專線：0800-221029｜客服信箱：service@bookrep.com.tw
團體訂購請洽業務部：02-22181417分機1124

法律顧問：華洋法律事務所／蘇文生律師｜印製：凱林彩印股份有限公司
初版一刷：2022年5月｜初版九刷：2024年8月｜定價：450元｜ISBN：978-626-7050-57-6

特別聲明　有關本書中的言論內容，不代表本公司／出版集團之立場與意見，文責由作者自行承擔

Manga de Yomu Seiza to Shinwa
Text & illustration copyright © Gakken
First published in Japan 2020 by Gakken Plus Co., Ltd, Tokyo Traditional
Chinese translation rights arranged with Gakken Plus Co., Ltd. through
Future View Technology Ltd.

小熊出版官方網頁　　小熊出版讀者回函